Die Mercedes-Story

bis

Etienne Psaila

Die Mercedes-Story

Erstausgabe: **April 2024**

Dieses Buch ist Teil der Reihe "Automotive and Motorcycle Books" und jeder Band der Reihe wurde mit Respekt für die besprochenen Automobil- und Motorradmarken erstellt, wobei Markennamen und verwandte Materialien nach den Prinzipien der fairen Verwendung für Bildungszwecke verwendet werden. Ziel ist es, zu feiern und zu informieren und den Lesern eine tiefere Wertschätzung für die technischen Wunderwerke und die historische Bedeutung dieser ikonischen Marken zu vermitteln.

Titelfoto: Pexels.com

Webseite: **www.etiennepsaila.com**
Kontakt: **etipsaila@gmail.com**

Inhaltsverzeichnis

Liste der Kapitel:

Kapitel 1: Die Visionäre tauchen auf

Im späten 19. Jahrhundert stand die Welt an der Schwelle zu einem so tiefgreifenden Wandel, dass ihr ganzes Ausmaß von den Visionären an ihrer Spitze kaum erfasst werden konnte. Unter diesen Pionieren waren zwei Männer, die unabhängig voneinander arbeiteten und doch durch einen gemeinsamen Traum verbunden waren, im Begriff, den Lauf der Geschichte zu verändern. In Deutschland, einem Land, das reich an Innovationsgeist und Industriearbeit ist, begaben sich Gottlieb Daimler und Karl Benz auf getrennte Wege, die zusammenliefen und eine Ikone hervorbrachten: Mercedes-Benz.

Gottlieb Daimler war mit seinem scharfen Blick und seinem unermüdlichen Streben nach Perfektion nicht nur ein Erfinder, sondern ein Visionär, der über die Grenzen des zeitgenössischen Verkehrs hinausblickte. Seine Werkstatt, ein zum Erfinderparadies umgebautes Gewächshaus in Cannstatt bei Stuttgart, war ein Schmelztiegel der Kreativität. Hier schuftete Daimler zusammen mit seinem lebenslangen Freund und Geschäftspartner Wilhelm Maybach im Schein des Gaslichts und gestaltete mit ihren Händen die Zukunft. Daimlers Traum war kühn: eine Welt, die von Motoren angetrieben wird, in der sich Entfernung und Zeit dem Willen des Menschen beugen.

Währenddessen arbeitete Karl Benz, ein Mann mit gleichem Ehrgeiz, aber anderem Temperament, im beschaulichen Mannheim. Benz, methodischer und introspektiver, hatte die Augen für den gleichen Horizont wie Daimler geöffnet, aber seinen eigenen Kurs darauf festgelegt. In seiner bescheidenen Werkstatt, umgeben vom Geruch von Öl und Metall, konzentrierte sich Benz auf eine einzigartige, revolutionäre Idee: den Motorwagen. Dieses dreirädrige Fahrzeug, angetrieben von einem von ihm selbst konstruierten Verbrennungsmotor, war die Verkörperung von Benz' Überzeugung vom persönlichen Automobil als der Zukunft des Transports.

Das Jahr 1886 markierte einen Wendepunkt. Karl Benz stellt mit dem Benz Patent-Motorwagen das erste Automobil der Welt vor. Seine erste Fahrt, die von seiner unbeugsamen Frau Bertha Benz gefahren wurde, bewies nicht nur seine Lebensfähigkeit, sondern demonstrierte auch das Potenzial des Automobils, die Grenzen der heutigen Mobilität zu überwinden. Diese Reise, eine 66-Meilen-Wanderung von Mannheim nach Pforzheim, war ebenso ein Beweis für Berthas Entschlossenheit wie für Karls Einfallsreichtum. Es beflügelte die Vorstellungskraft einer Nation und signalisierte den Beginn einer neuen Ära.

Parallel dazu perfektionierte Gottlieb Daimler seine Vision. Der Daimler-Maybach-Motor, ein Meisterwerk der Ingenieurskunst, fand seinen Weg in eine Vielzahl von Fahrzeugen, von Kutschen über Boote bis hin zu Luftschiffen. Daimlers Beharren auf Vielseitigkeit unterstrich seine Überzeugung, dass der Motor das Herz der Zukunft ist, anpassungsfähig und unverzichtbar für alle Verkehrsträger. Die Erfindung des "Standuhr"-Motors, eines kompakten, schnelllaufenden Wunderwerks, festigte Daimlers Position als Titan der Innovation weiter.

Doch es waren nicht nur die Erfindungen selbst, die die Entstehung dieser Visionäre kennzeichneten, sondern auch ihre zugrunde liegende Philosophie. Daimler und Benz sahen über den bloßen Nutzen ihrer Kreationen hinaus; Sie stellten sich eine Welt vor, die sich durch Mobilität veränderte, eine Zukunft, in der Entfernungen schrumpften und sich die Möglichkeiten erweiterten. Ihre Vision war geprägt von einem unerschütterlichen Fortschrittsglauben, einem Ethos, das zum Eckpfeiler von Mercedes-Benz werden sollte.

Im 19. Jahrhundert blieben die Wege von Daimler und Benz getrennt, ihre Beiträge zur Automobilwelt beispiellos und einzigartig. Doch das Vermächtnis, das sie schließlich als Väter des Automobils teilen sollten, wurde immer enger miteinander verflochten. Die Bühne war bereitet für ihre Träume, sich unter einem einzigen Stern zu vereinen, einem Stern, der über einer Marke leuchten würde, die für Luxus, Innovation und das unermüdliche Streben nach Perfektion steht: Mercedes-Benz.

Kapitel 2: Getrennte Wege

Als sich das 19. Jahrhundert dem Ende näherte, waren die Wege von Gottlieb Daimler und Karl Benz, wenn auch parallel in ihrer Suche, von ihren einzigartigen Prüfungen und Triumphen geprägt. Die Luft dieser Ära war voller Innovationen, ein Beweis für die industrielle Revolution, die die Gesellschaft auf monumentale Veränderungen vorbereitet hatte. In diesem Schmelztiegel der Kreativität legten beide Männer, ohne voneinander zu wissen, die Grundsteine für die Zukunft des Transportwesens.

In Mannheim feilte Karl Benz an seiner Idee, dem Motorwagen. Nach dem öffentlichen Debüt verlagerte sich der Fokus von Benz auf die Verbesserung der Zuverlässigkeit und der öffentlichen Attraktivität. Der Motorwagen war ein Wunderwerk, aber sein Weg vom Prototyp zur öffentlichen Akzeptanz war voller Skepsis. Benz, immer der akribische Ingenieur, begann mit einer Reihe von Verbesserungen. Er führte das erste Getriebesystem ein, eine Innovation, die die Kontrolle über Geschwindigkeit und Leistung ermöglichte, ein Sprung nach vorn in der Automobiltechnik. Jede Iteration des Motorwagens war ein Schritt näher an Benz' Vision eines

Fahrzeugs nicht nur als Neuheit, sondern als integraler Bestandteil des täglichen Lebens.

Gottlieb Daimler verfolgte derweil von seiner Werkstatt in Cannstatt aus den Traum von der universellen Mobilität. Daimlers Vision reichte über die Grenzen der Straße hinaus. Er stellte sich eine Welt vor, in der seine Motoren Fahrzeuge zu Lande, zu Wasser und in der Luft antreiben würden. Der Grundstein dieser Vision war sein patentierter Hochgeschwindigkeitsmotor, von dem er glaubte, dass er den Transport revolutionieren könnte. Daimlers Experimente waren ehrgeizig und vielfältig, darunter die Anpassung seines Motors an ein Boot, das auf den Namen "Neckar" getauft wurde, und an einen Eisenbahnwaggon, der die ersten Schritte in Richtung motorisierter Eisenbahn einläutete. Es war jedoch die Anpassung seines Motors an eine Pferdekutsche im Jahr 1886, die einen bedeutenden Sprung in Richtung moderner Automobilität markierte. Diese "Motorkutsche" war ein kühnes Statement, das Tradition mit Innovation verband, ein Vorläufer des modernen Autos.

Die Entwicklung dieser frühen benzinbetriebenen Fahrzeuge war für beide Erfinder nicht nur eine technische Herausforderung, sondern auch eine zutiefst persönliche Reise. Für Benz war es ein

Kampf gegen öffentliche Zweifel und den Kampf, seine Vision auf den Markt zu bringen. Die historische Reise seiner Frau Bertha Benz im Motorwagen war sowohl ein Werbegag als auch ein entscheidender Test für Ausdauer und Funktionalität und bewies einer skeptischen Welt die Praktikabilität des Fahrzeugs.

Für Daimler war die Herausforderung breiter. Sein Ehrgeiz, mehrere Transportmittel anzutreiben, führte zu Innovationen, die über das Automobil hinausgingen. Die Einführung des "V-Motors" im Jahr 1889, einer kompakten Bauweise, die mehr Leistung auf kleinerem Raum ermöglichte, war ein Beweis für seinen Erfindergeist. Dieser Motor trieb nicht nur das erste vierrädrige Automobil an, sondern bereitete auch die Voraussetzungen für dessen Anwendung in der Luftfahrt, einem Bereich, der Daimler sehr interessierte.

Die frühen Vorstöße von Daimler und Benz in die Benzinfahrzeuge waren geprägt von einer Mischung aus Innovation, Beharrlichkeit und Vision. Während Benz sich auf die Verfeinerung des Fahrzeugkonzepts konzentrierte, träumte Daimler von einer Welt, die von seinen Motoren mobilisiert wird. Ihre getrennten Wege, angetrieben von einem gemeinsamen Glauben an das Potenzial des

Verbrennungsmotors, legten den Grundstein für die Automobilindustrie.

Diese Entwicklungen waren keine Einzelfälle, sondern Teil eines größeren Narrativs des Fortschritts. Ende des 19. Jahrhunderts gab es eine Flut von Erfindungen, aber unter diesen stachen die Beiträge von Daimler und Benz durch ihren Einfluss auf die Zukunft der Mobilität hervor. Ihre Fahrzeuge, die aus unermüdlicher Innovation und unerschütterlichem Glauben an ihre Vision entstanden waren, waren die Vorboten einer neuen Ära, in der Entfernungen nicht mehr die Grenzen des menschlichen Ehrgeizes diktieren würden.

Kapitel 3: Die Geburt von Mercedes

Zu Beginn des 20. Jahrhunderts wurde ein neues Kapitel in der Saga der automobilen Evolution geschrieben, das den Lauf der Geschichte für immer verändern sollte. Im Mittelpunkt dieser Transformation stand eine Figur, die nicht Ingenieurskunst oder Erfindung, sondern Vision und Ehrgeiz verkörperte: Emil Jellinek. Als Geschäftsmann mit einer tiefen Leidenschaft für Automobile und einem feinen Gespür für den Wind des Wandels wurde Jellinek zum Katalysator für eine Marke, die nicht nur Luxus und Innovation, sondern auch den Beginn einer neuen Ära der Mobilität symbolisierte. Die Marke Mercedes, benannt nach Jellineks geliebter Tochter Mercedes Jellinek, stand kurz vor ihrem ersten Atemzug.

Jellineks Engagement bei Daimler war zunächst das eines Kunden, wenn auch ein enthusiastischer und einflussreicher. Jellinek, der in Nizza lebte, einem Zentrum der europäischen Aristokratie und des Wohlstands, erkannte das aufkeimende Potenzial für Automobile in der Elite. Seine Einsicht ging über den bloßen Transport hinaus; Er sah diese Maschinen als Symbole für Status, Luxus und avantgardistische Technologie. Jellineks Forderungen waren klar: Er wollte schnellere, zuverlässigere und luxuriösere Automobile, als Daimler sie je produziert hatte. Seine Überzeugung war so groß, dass er versprach, eine beträchtliche Anzahl von Autos zu kaufen, unter einer Bedingung: Sie sollten den Namen seiner Tochter tragen, Mercedes.

Dieser Zustand markierte die Geburtsstunde einer Marke, die in der Automobilwelt für Exzellenz stehen sollte. Jellineks Einfluss ging über die Namensgebung hinaus. Er war tief in das Design und die Spezifikationen des ersten Mercedes-Autos involviert und lieferte detaillierte Beiträge, die die Ingenieure von Daimler dazu brachten, über ihre traditionellen Grenzen hinaus innovativ zu sein. Das Ergebnis war der Mercedes 35 PS, der 1900 vorgestellt wurde, ein Fahrzeug, das zeitgenössische Normen sprengte und neue Maßstäbe für Leistung, Design und Komfort setzte.

Der Mercedes 35 PS war revolutionär, mit einem niedrigeren Schwerpunkt, einem leistungsstarken Motor und einem Leichtbau, der seine Vorgänger deutlich übertraf. Sein Debüt war mehr als nur die Einführung eines neuen Autos; Es war ein Spektakel, das die Fantasie des Publikums und der Aristokratie gleichermaßen beflügelte. Der Mercedes 35 PS war nicht nur ein Transportmittel; Es war ein Statement, eine Manifestation von Eleganz, Kraft und Innovation.

Emil Jellineks Marketing-Genie war ebenso revolutionär. Er verstand die Macht des Brandings und den Reiz der Exklusivität. Indem er darauf bestand, dass die Autos den Namen seiner Tochter tragen, schuf er eine Mystik um die Marke Mercedes und verband sie mit den höchsten Ansprüchen an Qualität und Luxus. Jellineks Strategie bestand darin, nicht nur ein Auto zu verkaufen, sondern einen Lebensstil, ein Bestreben. Dieser Ansatz erwies sich als äußerst erfolgreich und etablierte Mercedes als begehrte Marke bei den wohlhabenden und anspruchsvollen Käufern in ganz Europa.

Die Namensgebung von Mercedes war ein ergreifendes Spiegelbild der Zeit und verkörperte den Geist der Innovation und den Bruch mit der Tradition. Mercedes Jellinek, die Person, wurde zu einem Rätsel, ihr Name war für immer mit der Marke verbunden, die später den Luxusautomobilsektor dominieren sollte. Diese Namensgeschichte ist nicht nur eine Fußnote in der Geschichte von Mercedes-Benz; es ist ein Beweis für die Kraft des Brandings und den visionären Ansatz von Emil Jellinek, dessen Ambitionen für das Automobil über seine bloße

Funktionalität hinausgingen.

Als der Mercedes 35 PS auf die Straße kam, läutete er eine neue Ära des Transports ein. Das Auto war mehr als ein technologisches Wunderwerk; Es war ein Vorbote der Moderne, in der Mobilität mit dem Ausdruck persönlicher Identität und Ehrgeiz verflochten war. Die Geburt der Marke Mercedes markierte nicht nur das Auftauchen eines neuen Akteurs in der Automobilindustrie, sondern auch den Beginn einer Ära, in der Autos zu Symbolen für Innovation, Status und das unermüdliche Streben nach Exzellenz wurden.

Kapitel 4: Rennen zum Ruhm

Die Gründung der Marke Mercedes war nicht nur ein Triumph der Technik und des Marketings, sondern auch der Beginn eines geschichtsträchtigen Vermächtnisses in der Welt des Motorsports. Um die Wende zum 20. Jahrhundert erlebte der Motorsport eine Blütezeit, ein Sport, der menschlichen Wagemut mit mechanischem Können verband und die Fantasie der Öffentlichkeit fesselte. Für Mercedes war der Rennsport nicht nur ein Wettbewerb; Es war ein Testgelände für Innovationen, eine Bühne, auf der Überlegenheit demonstriert werden konnte, und ein Schmelztiegel, der die Identität der Marke als Symbol für Exzellenz und Innovation schmiedete.

In den frühen 1900er Jahren steckte die Welt des Motorsports noch in den Kinderschuhen, ein Spektakel aus Ausdauer, Geschwindigkeit und rohem Mut. In diese Arena trat Mercedes, bewaffnet mit den revolutionären 35 PS, ein Fahrzeug, das bald zu einer Legende auf der Rennstrecke werden sollte. Der Vorstoß des Unternehmens in den Rennsport wurde von der Überzeugung angetrieben, dass die Rennstrecke der ultimative Test für die Leistung, Zuverlässigkeit und das Design eines Autos ist. Der Einstieg von Mercedes in den Motorsport war strategisch und zielte darauf ab, die Überlegenheit seiner Ingenieurskunst zu demonstrieren und seine Marke in den Köpfen potenzieller Kunden zu festigen.

Der Gordon Bennett Cup, eines der prestigeträchtigsten Rennen der damaligen Zeit, wurde zum Schlachtfeld für Mercedes' frühe Rennerfolge. 1903 siegte ein Mercedes von Camille Jenatzy, einem ebenso furchtlosen wie geschickten Mann, in dem anspruchsvollen Rennen. Dieser Sieg war nicht nur ein persönlicher Triumph für Jenatzy, sondern ein monumentaler Sieg für Mercedes. Die Leistung des Fahrzeugs, die sich durch seine Zuverlässigkeit auf langen Strecken und seine bemerkenswerte Geschwindigkeit auszeichnet, brach bestehende Rekorde und setzte neue Maßstäbe für automobile Spitzenleistungen.

Der Sieg im Gordon Bennett Cup katapultierte Mercedes ins Rampenlicht und bestätigte seinen Status als führende Kraft in der Automobiltechnologie. Es war eine klare Botschaft an die Welt: Mercedes war nicht nur ein weiterer Autohersteller; Es war ein Pionier, der die Grenzen des Möglichen verschoben hat. Das Rennen unterstrich die Synergie zwischen der Ingenieurskunst von Mercedes und seiner

Rennstrategie, eine Kombination, die die Herangehensweise an den Motorsport definieren sollte.

Nach dem Triumph im Gordon Bennett Cup dominierte Mercedes weiterhin die Rennwelt und nahm an zahlreichen Rennen in ganz Europa teil und gewann sie. Jeder Sieg trug zum Prestige der Marke bei und stärkte ihre Assoziation mit Exzellenz und Innovation. Die Autos, die mit jedem Rennen kontinuierlich weiterentwickelt und verbessert wurden, wurden zu Symbolen für das Engagement von Mercedes für Spitzenleistungen. Der Rennsport bot Mercedes die perfekte Plattform, um mit neuen Technologien zu experimentieren, von denen viele später in ihre kommerziellen Modelle integriert wurden.

Die Auswirkungen dieser frühen Rennerfolge auf die Marke Mercedes waren tiefgreifend. Rennsiege dienten als mächtige Marketinginstrumente, die die Überlegenheit der Mercedes-Fahrzeuge unter schwierigsten Bedingungen demonstrierten. Sie stärkten den Ruf der Marke und zogen Kunden an, die nicht nur ein Auto, sondern ein Stück Automobilgeschichte wollten. Die Erfolge auf der Rennstrecke waren ein Beweis für die technische Exzellenz, die Zuverlässigkeit und den

Innovationsgeist der Marke, die Mercedes voranbrachten.

Darüber hinaus trug der Motorsport dazu bei, eine einzigartige Identität für Mercedes zu schaffen, die untrennbar mit Leistung, Prestige und Technologieführerschaft verbunden war. Die Siege auf der Rennstrecke spiegelten das Ethos des Unternehmens wider: ein unermüdliches Streben nach Perfektion und ein unerschütterliches Engagement für Innovation. In diesen frühen Jahren des Motorsports ging es nicht nur darum, Rennen zu gewinnen; es ging darum, einen Standard zu setzen, eine Legende zu schaffen. Der Rennsport-Ruhm von Mercedes legte den Grundstein für ein Vermächtnis, das weiterhin gedeihen und das Schicksal der Marke als Leuchtturm für Exzellenz und Innovation in der Automobilwelt prägen sollte.

Kapitel 5: Eine Vereinigung von Riesen

Die Geschichte von Mercedes-Benz, eine Geschichte von Ehrgeiz, Innovation und Wettbewerbsgeist, erreicht im Jahr 1926 einen entscheidenden Wendepunkt. Dieses Kapitel der Saga wurde nicht auf den Rennstrecken oder in den Designwerkstätten geschrieben, sondern in den Vorstandsetagen, im Schatten der wirtschaftlichen Turbulenzen. Die Zeit nach dem Ersten Weltkrieg stellte die Industrie in ganz Europa vor eine Reihe von Herausforderungen, und der Automobilsektor war nicht immun. Vor dem Hintergrund dieser Unsicherheit schlugen zwei Titanen der Automobilwelt, Daimler und Benz, einen Weg ein, der ihr Schicksal und die Landschaft der Automobilindustrie für immer verändern sollte.

Der wirtschaftliche Druck der frühen 1920er Jahre war unerbittlich. Die Nachwirkungen des Ersten Weltkriegs hatten die deutsche Wirtschaft in Trümmern zurückgelassen, mit Hyperinflation und einem angeschlagenen Markt, die die Herausforderungen für die Unternehmen noch verschärften. Sowohl Daimler als auch Benz spürten trotz ihrer geschichtsträchtigen Erfolge und technologischen Fähigkeiten den Druck. Die

Materialkosten stiegen in die Höhe, und die Nachfrage nach Luxusfahrzeugen, dem Eckpfeiler des Angebots beider Unternehmen, ließ nach, als sich die wirtschaftlichen Realitäten der Zeit durchsetzten.

In diesem Klima der Widrigkeiten wurde die Saat für eine historische Fusion gesät. Die Idee einer Union zwischen Daimler und Benz war nicht nur von wirtschaftlicher Notwendigkeit getrieben; Es war eine Vision von Stärke durch Einheit, eine Strategie zur Konsolidierung von Ressourcen, Talenten und technologischen Fähigkeiten, um eine dominante Position in der globalen Automobillandschaft zu sichern. Die Verhandlungen waren heikel, der Einsatz hoch und das Transformationspotenzial immens.

Am 28. Juni 1926 wurde die Fusion offiziell und es entstand eine neue Einheit: die Daimler-Benz AG. Diese Vereinigung war nicht nur eine Fusion zweier Unternehmen, sondern eine Verschmelzung zweier Vermächtnisse, die jeweils reich an Geschichte, Innovation und einem unermüdlichen Streben nach Exzellenz sind. Die Fusion wurde durch die Einführung eines neuen Emblems symbolisiert: der dreizackige Stern von Daimler, der für das Bestreben steht, Land, Wasser und Luft zu motorisieren, umhüllt vom Lorbeerkranz von Benz, eine Anspielung auf das Rennsporterbe und die Siege der Marke.

Die unmittelbare Folge der Fusion war eine Zeit der Anpassung und Integration. Die vor uns liegende Aufgabe war monumental – die Abläufe, Kulturen und Visionen zweier Unternehmen zu harmonisieren, die bis dahin erbitterte Konkurrenten waren. Das fusionierte Unternehmen hat diese Aufgabe mit einem klaren Ziel in Angriff genommen: die Automobilindustrie durch Innovation, Qualität und ein Engagement für Exzellenz anzuführen. Die kombinierten Stärken von Daimler und Benz ermöglichten einen Innovationsschub, der zu Fortschritten in der Motorentechnologie, im Fahrzeugdesign und in den Fertigungsprozessen führte.

Eine der ersten Früchte dieser Verbindung war die Mercedes-Benz S-Serie, eine Fahrzeuglinie, die den Luxus, die Leistung und die technologische Raffinesse verkörperte, für die das neue Unternehmen stand. Die S-Serie, insbesondere die Varianten wie der SSK, wurden zu Legenden auf der Rennstrecke und zu Prestigesymbolen auf der Straße und verkörperten den Geist der Innovation und Exzellenz, der die Fusion auszeichnete.

Die Fusion von Daimler und Benz im Jahr 1926 war mehr als eine strategische Allianz; Es war ein mutiger Schritt, um eine Zukunft zu schaffen, die keines der beiden Unternehmen allein hätte erreichen können. Angesichts der wirtschaftlichen Unsicherheit und der Herausforderungen einer Nachkriegswelt war die Union ein Beweis für die Kraft der Zusammenarbeit und der Vision. Es war der Beginn einer neuen Ära für die Automobilindustrie, in der die Daimler-Benz AG als Leuchtturm für Innovation, Qualität und Luxus führend war.

Diese historische Fusion legte den Grundstein für die Zukunft und bereitete die Voraussetzungen für die folgenden Jahrzehnte automobiler Exzellenz. Das Vermächtnis dieser Vereinigung, ein Zeugnis für die Weitsicht und Widerstandsfähigkeit derjenigen, die es wagten, große Träume zu haben, beeinflusst weiterhin den Kurs von Mercedes-Benz, einem Unternehmen, das nach wie vor ein Synonym für automobile Perfektion ist. Die Geschichte der Fusion ist ein entscheidendes Kapitel in der Geschichte von Mercedes-Benz, einer Vereinigung von Giganten, die ein einzigartiges Kraftpaket schufen, das mit unnachgiebigem Innovationsgeist und einem Engagement für Exzellenz voranschreitet

Kapitel 6: Luxus auf Rädern

Die Geschichte von Mercedes-Benz ist eine ständige Weiterentwicklung, geprägt von Meilensteinen, die das Vermächtnis der Marke geprägt haben. Unter ihnen sticht die Einführung des Mercedes-Benz 770 als Symbol für ultimativen Luxus und technologische Exzellenz hervor. Der 1930 eingeführte 770, auch bekannt als Großer, war ein Wunderwerk der Automobiltechnik, das für die höchsten Ränge der Gesellschaft entwickelt wurde. Dieses Kapitel automobiler Brillanz wurde jedoch von dem turbulenten historischen Kontext überschattet, in dem der 770 entstand, einer Zeit, in der das Modell mit den dunkelsten Kapiteln Nazi-Deutschlands verflochten wurde.

Der Mercedes-Benz 770 war ein Vorzeigebeispiel für Luxus und Kraft und verkörperte den Höhepunkt der Automobiltechnologie seiner Zeit. Er war mit einem aufgeladenen 7,7-Liter-Reihenachtzylindermotor ausgestattet, ein Merkmal, das nicht nur für eine beispiellose Leistung sorgte, sondern auch den Status des Fahrzeugs als Vorbild der Ingenieurskunst unterstrich. Das Design des 770 war ein Beweis für das Engagement von Mercedes-Benz für Exzellenz, mit einem geräumigen und opulenten Innenraum, der unvergleichlichen Komfort und Raffinesse bot. Die imposante Präsenz des Autos wurde durch seine Leistung ergänzt, was es zu einem Favoriten der Elite machte, die ein Höchstmaß an Luxus und Exklusivität suchte.

Als die 770 an Bedeutung gewann, fand sie Anklang bei den mächtigsten Persönlichkeiten der Ära, darunter Staatsoberhäupter und Industrietitanen. Es war jedoch die Verbindung des Modells mit Adolf Hitler und hochrangigen Beamten Nazi-Deutschlands, die einen langen Schatten auf sein Erbe warf. Die 770 wurde zum Synonym für das NS-Regime und wurde oft als Symbol der Macht bei Paraden und offiziellen Veranstaltungen verwendet. Diese Verbindung verlieh der 770 ein doppeltes Vermächtnis: einerseits ein technisches Wunderwerk und ein Symbol für automobilen Luxus; auf der anderen Seite ein Vehikel, das mit den Gräueltaten eines der unterdrückerischsten Regime der Geschichte verbunden ist.

Die Verwendung des Mercedes-Benz 770 durch NS-Funktionäre war ein Spiegelbild der politischen Realitäten dieser Zeit und der Bedeutung der Marke in Deutschland. Mercedes-Benz musste, wie viele andere Unternehmen, die zu dieser Zeit in Deutschland tätig waren, mit der Komplexität der

Geschäftstätigkeit unter dem Nazi-Regime umgehen. Die Beteiligung des Unternehmens an den Kriegsanstrengungen, einschließlich des Einsatzes von Zwangsarbeit, ist eine deutliche Erinnerung an die ethischen und moralischen Herausforderungen, mit denen diese dunkle Zeit konfrontiert war.

Die Geschichte des Mercedes-Benz 770 ist emblematisch für das breitere Narrativ von Innovation und Exzellenz, das die Marke definiert, aber sie dient auch als warnendes Beispiel für die Verflechtung von Industrie und Politik. Das Vermächtnis des Modells ist ein komplexer Wandteppich, der mit Fäden technologischer Brillanz und historischer Kontroversen verwoben ist. Es spiegelt die Herausforderungen einer Ära wider, die von beispiellosen Fortschritten und tiefgreifenden moralischen Dilemmata geprägt ist.
In den Jahren nach dem Zweiten Weltkrieg begab sich Mercedes-Benz auf einen Weg der Reflexion und Wiedergutmachung, erkannte seine Rolle während der NS-Zeit an und verpflichtete sich zu einem Weg der Verantwortung und des ethischen Verhaltens. Das Vermächtnis der 770 mit ihrer doppelten Bedeutung erinnert an die Innovationsfähigkeit der Marke und die Bedeutung ethischer Führung und Verantwortlichkeit.

Der Mercedes-Benz 770 ist unbestreitbar in der Geschichte und stellt sowohl den Höhepunkt des automobilen Luxus als auch eine ergreifende Reflexion über die Verantwortung von Branchenführern dar. Während Mercedes-Benz weiterhin einen Weg einschlägt, der von Exzellenz und Innovation geprägt ist, bleiben die Lehren der Vergangenheit integraler Bestandteil des Ethos der Marke und leiten ihr Engagement für eine Führungsrolle, nicht nur bei automobilen Innovationen, sondern auch bei unternehmerischer Verantwortung und ethischer Verantwortung. Die Geschichte des 770 dreht sich also nicht nur um Luxus auf Rädern; Es geht um die Reise einer Marke durch die besten und schlimmsten Zeiten, die ständig bestrebt ist, die höchsten Standards für Exzellenz und Integrität aufrechtzuerhalten.

Kapitel 7: Wiedergeburt nach dem Krieg

Die Nachwirkungen des Zweiten Weltkriegs zeigten eine zersplitterte Welt, die dringend Wiederaufbau und Versöhnung benötigte. Deutschland, dessen Landschaft von Konflikten gezeichnet und seine Wirtschaft in Trümmern lag, stand vor der monumentalen Aufgabe des Wiederaufbaus. Für Mercedes-Benz war das Ende des Krieges nicht nur eine Einstellung der Feindseligkeiten, sondern der Beginn einer tiefgreifenden Periode der Reflexion, Neubewertung und Erneuerung. Das Unternehmen stand an einem Scheideweg und trug die doppelte Verantwortung, beim Wiederaufbau einer Nation zu helfen und seinen Status als Symbol für automobile Exzellenz zurückzugewinnen. Dieses Kapitel in der Geschichte von Mercedes-Benz ist geprägt von Widerstandsfähigkeit, Innovation und einem unerschütterlichen Bekenntnis zur Qualität, das das Unternehmen durch die Herausforderungen der Nachkriegszeit führen sollte.

In den unmittelbaren Nachkriegsjahren kämpfte Mercedes-Benz mit den Realitäten einer zerrütteten Wirtschaft und den physischen Ruinen seiner Anlagen. Die Aufgabe des Wiederaufbaus war entmutigend; Die Fabriken des Unternehmens wurden beschädigt, die Belegschaft erschöpft und die Ressourcen knapp. Doch angesichts dieser Widrigkeiten begab sich Mercedes-Benz auf einen Weg der Erholung, angetrieben von einem unerschütterlichen Glauben an die Prinzipien, die das Unternehmen seit seiner Gründung geleitet hatten: Innovation, Qualität und eine zukunftsweisende Vision.

In den späten 1940er- und frühen 1950er-Jahren beginnt die Wiedergeburt von Mercedes-Benz nach dem Krieg. Im Mittelpunkt dieser Wiederbelebung stand die Entscheidung, sich auf die Produktion von Fahrzeugen zu konzentrieren, die das Engagement des Unternehmens für Qualität und technologischen Fortschritt verkörperten. Die Einführung von Modellen wie der Baureihe 170V und der Baureihe 220 in den Jahren nach dem Krieg signalisierte die Rückkehr von Mercedes-Benz zu seinen Wurzeln im Luxusautomobilbau. Diese Fahrzeuge, die für ihre Technik, Zuverlässigkeit und ihren Komfort bekannt sind, waren ein Beweis für die Widerstandsfähigkeit des Unternehmens und seine Fähigkeit, sich aus der Asche des Konflikts zu erheben.

Darüber hinaus erkannte Mercedes-Benz, dass der Weg zur Erholung nicht nur darin bestand, das Erbe des Luxus zurückzuerobern, sondern auch zum

Wiederaufbau der deutschen Wirtschaft beizutragen. Das Unternehmen wurde zu einer treibenden Kraft für die wirtschaftliche Wiederbelebung des Landes, schuf Arbeitsplätze, trieb Innovationen voran und exportierte Automobile in Märkte auf der ganzen Welt. Der Erfolg von Mercedes-Benz in der Nachkriegszeit wurde zu einem Symbol für den allgemeinen wirtschaftlichen Aufschwung Deutschlands und zeigte das Potenzial für Erneuerung durch Engagement für Qualität und Exzellenz.

Innovation spielte in der Nachkriegsstrategie von Mercedes-Benz eine entscheidende Rolle. Das Unternehmen investierte stark in Forschung und Entwicklung, was zu bahnbrechenden Fortschritten führte, die neue Maßstäbe in der Automobilindustrie setzen sollten. Die Einführung des Mercedes-Benz 300 SL im Jahr 1954 mit seinen ikonischen Flügeltüren und dem Kraftstoffeinspritzmotor war ein Meilenstein in der Automobilkonstruktion und -technik. Der 300 SL und die luxuriöse Baureihe 600 begründeten den Ruf von Mercedes-Benz als Innovations- und Luxusführer auf der Weltbühne.

Auch in der Nachkriegszeit bekräftigte Mercedes-Benz sein Bekenntnis zu Werten jenseits der Bilanz.

Das Unternehmen unternahm Schritte, um seine Kriegsaktivitäten, einschließlich des Einsatzes von Zwangsarbeit, durch Initiativen zur Versöhnung und Entschädigung anzugehen. Diese Zeit der moralischen und ethischen Reflexion war entscheidend für die Gestaltung des Unternehmensethos, das Verantwortung, Integrität und das Engagement für das Wohlergehen der Gesellschaft betonte.

Die Wiedergeburt von Mercedes-Benz in der Nachkriegszeit ist eine Geschichte des Triumphs über Widrigkeiten. Durch sein Engagement für Innovation, Qualität und ethische Führung hat Mercedes-Benz nicht nur sich selbst neu aufgebaut, sondern auch eine Schlüsselrolle beim wirtschaftlichen Wiederaufschwung Deutschlands gespielt. Das Vermächtnis dieser Ära spiegelt sich in der anhaltenden Anziehungskraft der Marke Mercedes-Benz wider, einem Symbol für automobile Exzellenz und einem Beweis für die Kraft von Widerstandsfähigkeit und Erneuerung. Als Mercedes-Benz voranschritt, trug es die Lehren der Vergangenheit mit sich, ein Leuchtfeuer der Hoffnung und des Fortschritts in einer Welt, die sich wieder aufbauen und voranschreiten will.

Kapitel 8: Die Silberpfeile kehren zurück

Die 1950er-Jahre markieren für Mercedes-Benz eine Renaissance-Periode, nicht nur in Bezug auf Innovation und Produktion, sondern auch in Bezug auf die geschichtsträchtige Beteiligung am Motorsport. In diesem Jahrzehnt kehrten die Silberpfeile triumphal zurück, ein Name, der zum Synonym für Geschwindigkeit, Präzision und Sieg werden sollte. Die Rückkehr von Mercedes-Benz auf die Rennstrecke war nicht nur eine Fortsetzung des Rennsport-Erbes der Vorkriegszeit, sondern ein Statement der Wiederauferstehung, eine Demonstration des Engagements der Marke für Spitzenleistungen und ein Beweis für den Geist des Aufschwungs, der die Nachkriegszeit prägte.

Die Ursprünge der Silberpfeile reichen bis in die Vorkriegsjahre zurück, als Mercedes-Benz Rennwagen, die aus Gewichtsgründen von ihrer weißen Lackierung befreit wurden, silbern glänzten. Dieser ikonische Auftritt brachte ihnen den Spitznamen "Silberpfeile" ein, ein Spitzname, der zum Symbol für Rennerfolge werden sollte. Die Unterbrechung des Zweiten Weltkriegs und die anschließende Zeit des Wiederaufbaus verzögerten die Rückkehr von Mercedes-Benz in den Rennsport.

In den frühen 1950er Jahren war das Unternehmen jedoch bereit, seine Position an der Spitze des Motorsports zurückzuerobern.

1954 stellte Mercedes-Benz den W196 vor, einen Rennwagen, der innovative Technik mit aerodynamischem Design kombinierte und die Formel 1 dominieren sollte. Der W196 war mit einem Motor mit Kraftstoffeinspritzung ausgestattet, einer Innovation, die mehr Leistung und Effizienz bot, und verfügte über eine stromlinienförmige Karosserie, die den Luftwiderstand reduzierte, ein Novum auf den Rennstrecken der damaligen Zeit. Am Steuer des W196 sollten legendäre Fahrer wie Juan Manuel Fangio und Stirling Moss den Platz von Mercedes-Benz in der Motorsportgeschichte sichern.

Der Große Preis von Frankreich 1954 markierte das Debüt des W196 und den Beginn der triumphalen Rückkehr der Silberpfeile in den Motorsport. Fangios Sieg in diesem Rennen war ein Vorbote der Dominanz, die Mercedes-Benz in den folgenden Saisons zeigen sollte. Die überlegene Technologie und Leistung des W196, gepaart mit dem Können seiner Fahrer, führte zu zahlreichen Siegen, darunter zwei aufeinanderfolgende Formel-1-Weltmeisterschaften in den Jahren 1954 und 1955.

Der Erfolg der Silberpfeile in der Formel 1 ging einher mit ihren Erfolgen im Sportwagenrennsport, wobei der Mercedes-Benz 300 SLR die Konkurrenz dominierte. Der 300 SLR, ein Wunderwerk der Ingenieurskunst, verfügte über eine leichte Karosserie und einen leistungsstarken Motor und setzte neue Maßstäbe in Bezug auf Geschwindigkeit und Zuverlässigkeit. Der Sieg des 300 SLR bei der Mille Miglia 1955 mit Stirling Moss am Steuer wird bis heute als einer der größten Erfolge der Motorsportgeschichte gefeiert.

Die triumphale Rückkehr der Silberpfeile war jedoch nicht ohne Herausforderungen. Die Katastrophe von Le Mans 1955, einer der tödlichsten Unfälle in der Geschichte des Motorsports, warf einen Schatten auf die Rennsportwelt. Die Entscheidung von Mercedes-Benz, sich am Ende der Saison 1955 aus dem Rennsport zurückzuziehen, war ein Ausdruck der düsteren Stimmung der Ära und ein Bekenntnis zu Sicherheit und Verantwortung.

Die Rückkehr der Silberpfeile in den 1950er Jahren war eine Zeit, die von bemerkenswerten Erfolgen und ergreifenden Lektionen geprägt war. Es zeigte das beispiellose Engagement von Mercedes-Benz für technologische Innovation, exzellente

Ingenieurskunst und den unbezwingbaren Wettbewerbsgeist. Das Vermächtnis der Silberpfeile in dieser Ära übertraf ihre Siege auf der Rennstrecke; Es symbolisierte das Wiederaufleben einer Marke und einer Nation und verkörperte den Geist der Erholung und das unermüdliche Streben nach Exzellenz.

Als sich Mercedes-Benz Ende 1955 aus dem Rennsport zurückzieht, bleibt der Mythos der Silberpfeile bestehen und prägt die Welt des Motorsports nachhaltig. Die Rückkehr der Silberpfeile in den Rennsport in den 1950er-Jahren bleibt nicht nur wegen der Triumphe und Tragödien in Erinnerung, sondern auch als ein Kapitel des Wiederauflebens, der Innovation und des dauerhaften Vermächtnisses in der Geschichte von Mercedes-Benz.

Kapitel 9: Sicherheit geht vor

In der Geschichte von Mercedes-Benz ist das unerschütterliche Engagement für die Sicherheit ein Kapitel von tiefgreifender Wirkung und nachhaltigem Vermächtnis. Über den Ruhm der Rennstrecke und die Eleganz des Luxus hinaus begab sich Mercedes-Benz auf eine Reise, um die Fahrzeugsicherheit neu zu definieren und die Art und Weise zu verändern, wie die Welt das Design und die Funktionalität von Autos betrachtet. Bei dieser Verpflichtung ging es nicht nur um die Einhaltung von Vorschriften oder Standards; Es war eine prinzipientreue Haltung, eine Überzeugung, dass Innovation nicht nur dazu dienen sollte, Leistung und Komfort zu verbessern, sondern vor allem Leben zu erhalten.

Die Entstehungsgeschichte der Sicherheitsrevolution von Mercedes-Benz lässt sich bis in die 1950er Jahre zurückverfolgen, eine Zeit, die von rasanten technologischen Fortschritten und einem zunehmenden Bewusstsein für die Bedeutung der Fahrzeugsicherheit geprägt ist. In dieser Zeit führte Mercedes-Benz die Knautschzone ein, ein revolutionäres Designkonzept, das zu einem Eckpfeiler der automobilen Sicherheit werden sollte. Die Knautschzone war die Idee von Béla

Barényi, einem visionären Ingenieur, dessen Beiträge zur Sicherheit ihm den Titel "Vater der passiven Sicherheit im Automobil" einbrachten.

Barényis Konzept war einfach, aber tiefgründig: Im Falle eines Aufpralls sollten bestimmte Teile der Fahrzeugstruktur so konstruiert sein, dass sie sich kontrolliert verformen, die Energie des Aufpralls absorbieren und die auf die Insassen übertragenen Kräfte reduzieren. Diese Idee war eine Abkehr von der damals vorherrschenden Meinung, dass eine starre Karosserie den besten Schutz bietet. Stattdessen, so Barényi, liege die Sicherheit in der Fähigkeit, Energie zu verwalten und abzuleiten.

Die Implementierung der Knautschzone in Mercedes-Benz Fahrzeugen setzte neue Maßstäbe in der Branche und zeigte, dass sich Sicherheit und Luxus nicht gegenseitig ausschließen, sondern komplementäre Facetten des Automobildesigns sind. "Das Auto ist das sicherste und komfortabelste Fortbewegungsmittel", sagte Barényi einmal und brachte damit die Philosophie auf den Punkt, die Mercedes-Benz in Bezug auf Sicherheit leiten sollte.

In den folgenden Jahrzehnten leistete Mercedes-Benz weiterhin Pionierarbeit bei Sicherheitsinnovationen, die jeweils ein Beweis für das Engagement der Marke für den Schutz von Leben sind. Die Einführung des Antiblockiersystems (ABS) Ende der 1970er-Jahre revolutionierte die Fahrzeugbeherrschung bei einer Notbremsung, während die Entwicklung des Airbags und des Elektronischen Stabilitäts-Programms (ESP) in den Folgejahren die Führungsrolle von Mercedes-Benz in der Sicherheitstechnik weiter unterstrich.

Einer der vielleicht bedeutendsten Meilensteine auf dem Weg der Sicherheit von Mercedes-Benz war die Gründung der Mercedes-Benz Unfallforschungseinheit in den späten 1960er Jahren. Diese Initiative spiegelte einen proaktiven Sicherheitsansatz wider, bei dem die Erkenntnisse aus realen Unfällen genutzt wurden, um Design- und Konstruktionsentscheidungen zu treffen. "Wir bauen nicht nur Autos; wir entwickeln Sicherheit auf Rädern" wurde zu einem ungeschriebenen Mantra innerhalb des Unternehmens und betonte die integrale Rolle der Sicherheit in der DNA von Mercedes-Benz.

Die Auswirkungen der Sicherheitsinnovationen von Mercedes-Benz reichten weit über die eigene Modellpalette hinaus. Die von der Marke entwickelten Technologien setzen neue Maßstäbe und drängen die gesamte Automobilindustrie zu höheren Sicherheitsstandards. Regierungen und Aufsichtsbehörden weltweit wurden darauf aufmerksam und übernahmen die Innovationen von Mercedes-Benz oft als Grundanforderungen für alle Fahrzeuge.

Das Vermächtnis von Mercedes-Benz im Bereich Sicherheit ist ein Narrativ von Weitsicht, Innovation und unerschütterlichem Engagement für das Wohlergehen von Fahrern, Passagieren und Fußgängern gleichermaßen. Es ist ein Beweis für die Philosophie der Marke, dass es bei wahrem Luxus nicht nur um Komfort und Ästhetik geht, sondern auch darum, den Menschen im und um das Fahrzeug herum den größtmöglichen Schutz zu bieten. Im großen Teppich der Geschichte von Mercedes-Benz steht der Fokus auf Sicherheit als Leuchtfeuer seiner humanitären Werte und verdeutlicht, dass im Mittelpunkt jedes technologischen Fortschritts ein tiefer Respekt vor dem Leben steht.

Kapitel 10: Die Zukunft gestalten

Während Mercedes-Benz immer wieder neue Maßstäbe in Sachen Sicherheit und Luxus setzte, richtete das Unternehmen seinen Blick auch auf das Herzstück des Automobils – den Motor. Die Nachkriegszeit hatte ein Zeitalter des wirtschaftlichen Aufschwungs und der technologischen Innovation eingeläutet, in dem die Verbraucher mehr von ihren Fahrzeugen verlangten: mehr Leistung, bessere Kraftstoffeffizienz und gleichmäßigere Leistung. Mercedes-Benz, immer an der Spitze des Automobilbaus, reagierte auf diese Anforderungen mit einer Reihe von Innovationen, die die Fähigkeiten des Verbrennungsmotors neu definieren sollten. Die Entwicklung der Kraftstoffeinspritztechnologie war ein entscheidender Moment auf diesem Weg und markierte ein neues Kapitel im Streben nach Effizienz und Leistung.

Die Geschichte der Kraftstoffeinspritzung bei Mercedes-Benz ist eine Geschichte von Pioniergeist und unermüdlichem Streben nach Verbesserung. Die Ingenieure des Unternehmens erkannten früh, dass die traditionellen kraftstoffzufuhrsysteme auf vergaserbasis ihre Grenzen hatten, insbesondere bei hohen Drehzahlen und unter unterschiedlichen Motorlasten. Die Kraftstoffeinspritzung, ein Konzept, das eine präzisere Kontrolle über das in den Motor eintretende Kraftstoff-Luft-Gemisch versprach, bot eine Lösung. Der Weg zur Perfektion war jedoch voller Herausforderungen, die nicht nur mechanischen Einfallsreichtum, sondern auch ein tiefes Verständnis des komplexen Zusammenspiels von Kraftstoff, Luft und Verbrennung erforderten.

1954 stellte Mercedes-Benz den 300 SL vor, ein Fahrzeug, das nicht nur mit seinen ikonischen Flügeltüren die Fantasie beflügelte, sondern der Welt auch das erste Serienfahrzeug mit Direkteinspritzung vorstellte. Dieses bahnbrechende System, das von der Technologie abgeleitet ist, die während des Zweiten Weltkriegs für Flugzeugmotoren entwickelt wurde, ermöglichte es dem Motor des 300 SL, eine für seine Größe beispiellose Leistung zu erzeugen und Geschwindigkeiten zu erreichen, die für ein Serienfahrzeug zu dieser Zeit undenkbar waren. "Unser Ziel ist es, im Rennen um Leistung und Effizienz führend zu sein", erklärte ein Ingenieur des Projekts und fasste damit den Ehrgeiz zusammen, der die Fortschritte von Mercedes-Benz vorangetrieben hat.

Die Vorteile der Kraftstoffeinspritzung waren sofort offensichtlich. Fahrzeuge, die mit dieser Technologie ausgestattet waren, genossen eine höhere Leistung, einen verbesserten Kraftstoffverbrauch und reduzierte Emissionen – eine Triade von Vorteilen, die bei Verbrauchern und Regulierungsbehörden gleichermaßen Anklang fanden. Die Pionierarbeit von Mercedes-Benz im Bereich der Kraftstoffeinspritzung schuf die Voraussetzungen für die breite Einführung der Technologie in der gesamten Branche und veränderte das Motordesign und die Leistungsstandards weltweit.

Das Aufkommen der Kraftstoffeinspritztechnik war nur der Anfang des Beitrags von Mercedes-Benz zur Evolution des Motors. In den folgenden Jahrzehnten setzte das Unternehmen seine Innovationen fort und führte Fortschritte wie Turboaufladung und variable Ventilsteuerung ein. Jede Innovation wurde von den beiden Zielen der Leistungssteigerung und der Reduzierung der Umweltbelastung geleitet und spiegelt das Engagement von Mercedes-Benz wider, die Zukunft der Mobilität zu gestalten.

Die Entwicklung effizienterer, leistungsstärkerer Motoren durch Innovationen wie die Kraftstoffeinspritzung war sinnbildlich für die umfassendere Vision von Mercedes-Benz: eine Zukunft, in der Automobile nicht nur Mobilität bieten, sondern dies auch auf nachhaltige und verantwortungsvolle Weise tun. Diese Vision basiert auf der Überzeugung, dass technische Exzellenz und Umweltverantwortung Hand in Hand gehen können, ein Prinzip, das Mercedes-Benz weiterhin antreibt.

Während Mercedes-Benz die Zukunft gestaltete, blieb das Unternehmen standhaft in seinem Engagement, die Grenzen des Machbaren zu erweitern. Das Erbe der Kraftstoffeinspritzung und der anschließenden Weiterentwicklung des Motors ist ein Beweis für dieses Ethos, ein Spiegelbild einer Marke, die immer nach vorne geschaut und die Kraft der Innovation genutzt hat, um die Automobillandschaft neu zu definieren. Mit jedem Sprung in der Motorentechnologie steigerte Mercedes-Benz nicht nur die Leistung und Effizienz seiner Fahrzeuge, sondern bekräftigte auch seine Rolle als Leuchtturm des Fortschritts in der Automobilwelt.

Kapitel 11: Ikonen der Straße

In den Annalen der Automobilgeschichte gehen bestimmte Modelle über ihre mechanischen Ursprünge hinaus und werden zu Symbolen einer Ära, zu Verkörperungen der Designphilosophie und zu Maßstäben für technologische Errungenschaften. Unter ihnen nimmt der Mercedes-Benz 300SL Flügeltürer einen besonderen Platz ein. Der Mitte der 1950er Jahre eingeführte 300SL Flügeltürer war nicht nur ein Auto, sondern ein Zusammenfluss von Kunst und Technologie, ein Meisterwerk, das die Herzen von Enthusiasten und der breiten Öffentlichkeit gleichermaßen höher schlagen ließ. Sein Vermächtnis ist nicht nur eines der Geschwindigkeit oder des Luxus, sondern auch der Innovation und wurde zu einer Legende, die für immer definieren sollte, was ein Sportwagen sein könnte.

Die Entstehung des 300SL Flügeltürers ist eine Geschichte von kühnem Ehrgeiz. Er entstand aus dem Erfolg der Nachkriegsrennsportaktivitäten von Mercedes-Benz, insbesondere des Rennwagens W194, der das Potenzial der Ingenieurs- und Designfähigkeiten der Marke auf der Weltbühne unter Beweis gestellt hatte. Die Entscheidung, eine Straßenversion des Rennwagens zu entwickeln, wurde von dem Wunsch getrieben, die technischen Fähigkeiten von Mercedes-Benz zu demonstrieren und einen wachsenden Markt für Hochleistungssportwagen zu bedienen. Das Ergebnis war der 300SL, wobei "SL" für "Sport Leicht" steht, eine Anspielung auf seine Leichtbauweise und seinen sportlichen Stammbaum.

Was den 300SL Flügeltürer auszeichnete, war seine Mischung aus avantgardistischer Technologie und atemberaubender Ästhetik. Das markanteste Merkmal des Autos, seine Flügeltüren, wurde aus der Not heraus geboren – das rohrförmige Spaceframe-Chassis des Autos erforderte hohe Schweller, was herkömmliche Türen unpraktisch machte. Doch dieser funktionale Anspruch wurde in ein ikonisches Designelement verwandelt, das dem 300SL eine unverwechselbare Silhouette verlieh, die alle Betrachter in seinen Bann zog.

Unter seinem schlanken Äußeren war der 300SL ein Wunderwerk der Technik. Er wurde von einem 3,0-Liter-Reihensechszylindermotor mit Direkteinspritzung angetrieben, einem Derivat der Technologie, die erstmals in den 300SL-Rennwagen eingeführt wurde. Dieser Motor machte den 300SL zum schnellsten Serienfahrzeug seiner Zeit und erreichte Geschwindigkeiten, die mit denen der Rennstrecken mithalten konnten. Die Verwendung von Leichtbaumaterialien, darunter Aluminium für die Karosserieteile und ein Stahlrohrrahmen, verbesserte seine Leistung weiter und machte ihn zu einem beeindruckenden Konkurrenten auf und neben der Rennstrecke.

Das Interieur des 300SL Flügeltürers war ebenso raffiniert wie sein Äußeres. Er zeichnete sich durch eine luxuriöse Ausstattung und innovative Designelemente aus, darunter die einzigartige Platzierung des Schalthebels, der platzsparend in das Armaturenbrett integriert wurde. Jedes Detail des 300SL wurde sorgfältig ausgearbeitet und spiegelt das Engagement von Mercedes-Benz für Exzellenz und die Integration von Form und Funktion wider.

Die Wirkung des 300SL Flügeltürers war sofort und nachhaltig. Er wurde zu einem Symbol für Nachkriegswohlstand und technologischen Optimismus, ein Fahrzeug, das nicht nur die Grenzen des Automobildesigns sprengte, sondern auch den Zeitgeist einfing. Prominente, Rennfahrer und Automobilenthusiasten suchten nach dem 300SL, angezogen von seiner unvergleichlichen Mischung aus Stil, Leistung und Innovation.

Im Laufe der Zeit ist der 300SL Flügeltürer in den Pantheon der automobilen Legenden aufgestiegen und wird nicht nur für seine historische Bedeutung, sondern auch für seine anhaltende Anziehungskraft verehrt. Es ist ein Beweis für die Fähigkeit von Mercedes-Benz, Kunst und Technologie zu verschmelzen und Fahrzeuge zu schaffen, die mehr als nur ein bloßes Transportmittel sind – sie sind Kunstwerke, die inspirieren, innovativ sind und unauslöschliche Spuren in der Automobilgeschichte hinterlassen.

Das Vermächtnis des 300SL Flügeltürers beeinflusst weiterhin die Design- und Konstruktionsphilosophie von Mercedes-Benz. Es verkörpert den Innovationsgeist, der die Marke antreibt, und erinnert an die Magie, die entsteht, wenn die Grenzen der Technologie im Streben nach Schönheit und Exzellenz verschoben werden. In der Geschichte von Mercedes-Benz ist der 300SL Flügeltürer ein Kapitel des Triumphs, ein Fahrzeug, das über seinen mechanischen Zweck hinausging und zu einer Ikone der Straße wurde.

Kapitel 12: Der Luxusstandard

Der Teppich der Geschichte von Mercedes-Benz ist verwoben mit Momenten der Innovation, die nicht nur die Marke, sondern auch die Automobilindustrie insgesamt geprägt haben. Unter ihnen ist die Einführung der S-Klasse ein Meilenstein, der Luxus, Innovation und die Dominanz der Marke im Bereich der High-End-Automobile verkörpert. Die S-Klasse ist mehr als nur ein Fahrzeug, sie ist ein Manifest der Vision von Mercedes-Benz, eine physische Verkörperung des Strebens nach Exzellenz, das die Marke seit Generationen definiert.

Die Entstehungsgeschichte der S-Klasse wurzelt zwar in der Tradition der Luxuslimousinen von Mercedes-Benz, markiert aber einen Neuanfang, eine Neuerfindung des Luxusautos für die Moderne. Seine Gründung wurde von einer einfachen, aber tiefgründigen Philosophie geleitet: nicht nur das beste Auto der Welt zu schaffen, sondern zu definieren, was das beste Auto der Welt sein sollte. Dieses Ethos trieb jeden Aspekt der Entwicklung der S-Klasse voran, von der Technik bis zur Ästhetik, und setzte neue Maßstäbe für das, was ein Luxusfahrzeug bieten konnte.

Die S-Klasse wurde Anfang der 1970er-Jahre der Welt vorgestellt und wurde schnell zum Synonym für Innovation. Es war ein Schaufenster der technologischen Leistungsfähigkeit von Mercedes-Benz mit Fortschritten, die zu dieser Zeit revolutionär waren und zum Standard in der Branche werden sollten. Von Sicherheitsinnovationen wie dem Antiblockiersystem (ABS) bis hin zu Komfortmerkmalen wie Doppelscheibenverglasung und Klimatisierung war die S-Klasse ein Beweis für das Engagement von Mercedes-Benz, von vorne führend zu sein.

Aber die S-Klasse war mehr als eine Ansammlung technologischer Errungenschaften; es war ein Kunstwerk. Sein Design, das sich durch Eleganz und Zeitlosigkeit auszeichnet, hebt ihn von der Konkurrenz ab. Die Silhouette der S-Klasse wurde zur Ikone, zum Symbol für Status und Raffinesse. Im Inneren schufen die Liebe zum Detail und die Verwendung hochwertiger Materialien ein Ambiente von unvergleichlichem Luxus und Komfort. Jedes Element, von den prächtigen Ledersitzen bis hin zu den sorgfältig verarbeiteten Holzverkleidungen, war ein Beweis für die Handwerkskunst und Qualität, für die Mercedes-Benz stand.

Die Auswirkungen der S-Klasse waren unmittelbar und weitreichend. Er wurde zum Fahrzeug der Wahl für Staatsoberhäupter, Prominente und alle, die Wert auf ultimativen Luxus und Leistung legten. Seine Einführung setzte einen neuen Standard für Luxusautos, drängte die Wettbewerber, ihr Angebot zu verbessern und das gesamte Segment voranzutreiben.

Im Laufe der Jahre hat sich die S-Klasse weiterentwickelt, wobei jede neue Generation auf dem Erbe ihrer Vorgänger aufbaut. Mercedes-Benz hat die S-Klasse konsequent genutzt, um neue Technologien und Funktionen einzuführen, die schließlich auf andere Modelle und Hersteller übergehen. Sie diente als Plattform für Innovationen, von Fortschritten bei Sicherheit und Leistung bis hin zur Integration digitaler Technologien und autonomer Fahrfunktionen.

Die Einführung der S-Klasse war ein entscheidender Moment für Mercedes-Benz und untermauerte die Dominanz der Marke im Luxussegment. Es verkörperte die Unternehmensphilosophie "The Best or Nothing", ein Bekenntnis zur Exzellenz, das Mercedes-Benz im Laufe seiner Geschichte geleitet hat. Die S-Klasse ist nicht nur ein Modell in der Produktpalette des Unternehmens. Es ist ein

Bannerträger für Luxus, ein Symbol dafür, was möglich ist, wenn Innovation, Handwerkskunst und ein unermüdliches Streben nach Perfektion zusammenkommen.

In der großen Geschichte von Mercedes-Benz nimmt die S-Klasse ein besonderes Kapitel ein, das die Fähigkeit der Marke verdeutlicht, Luxus neu zu definieren, durch Innovation führend zu sein und Fahrzeuge zu schaffen, die nicht nur Transportmittel, sondern Ikonen automobiler Exzellenz sind. Die S-Klasse ist mehr als ein Auto; Es ist ein Vermächtnis, ein Zeugnis für die dauerhafte Vision und die Werte einer der renommiertesten Automobilmarken der Welt.

Kapitel 13: Globale Expansion

Die Odyssee von Mercedes-Benz, die von Meilensteinen der Innovation und des Luxus geprägt war, nahm eine entscheidende Wendung, als die Marke ihren Blick über den vertrauten Horizont Europas hinaus richtete. In diesem Kapitel der Erzählung geht es nicht nur um die Expansion eines Unternehmens; es geht um die Globalisierung eines Ethos, die Verbreitung einer Kultur der Exzellenz, die Mercedes-Benz verkörpert. Der Vorstoß in neue Märkte und die Etablierung einer globalen Markenpräsenz ist ein Beweis für die universelle Anziehungskraft von Qualität, Innovation und Prestige – Werte, die Mercedes-Benz seit jeher am Herzen liegen.

In der zweiten Hälfte des 20. Jahrhunderts erkannte Mercedes-Benz, dass die Zukunft in einer globalisierten Wirtschaft lag. Der Ruf der Marke für technische Exzellenz und Luxus hatte bereits nationale Grenzen überschritten und eine starke Grundlage für ihre internationalen Bestrebungen gelegt. Der Vorstoß in neue Märkte war jedoch nicht nur eine geschäftliche Entscheidung; Es war ein mutiger Schritt, um das Mercedes-Benz Erlebnis verschiedenen Kulturen und Verbrauchern auf der ganzen Welt zugänglich zu machen.

Die Strategie für die globale Expansion war vielschichtig und wurde von einem tiefen Verständnis der lokalen Märkte und der Verpflichtung zur Anpassung an ihre einzigartigen Bedürfnisse und Herausforderungen angetrieben. Mercedes-Benz hat sich mit einer klaren Vision auf diese Reise begeben: nicht nur Autos zu verkaufen, sondern eine dauerhafte Präsenz aufzubauen, ein integraler Bestandteil der Automobillandschaft in jedem neuen Land zu werden.

Einer der wichtigsten Meilensteine der globalen Expansion von Mercedes-Benz war der Aufbau von Fertigungs- und Montagewerken außerhalb Deutschlands. Diese Anlagen waren nicht nur Produktionseinheiten, sondern Symbole für das Engagement von Mercedes-Benz in seinen neuen Märkten, die Schaffung von Arbeitsplätzen und den Beitrag zur lokalen Wirtschaft. Die Entscheidung, Fahrzeuge vor Ort zu produzieren, war auch ein Beweis für die Flexibilität der Marke und ihre Bereitschaft, sich an die spezifischen Anforderungen verschiedener Regionen anzupassen, von regulatorischen Standards bis hin zu Verbraucherpräferenzen.

Der Vorstoß von Mercedes-Benz in den nordamerikanischen Markt ist ein Paradebeispiel für den strategischen Ansatz des Unternehmens bei der globalen Expansion. Mercedes-Benz hat die einzigartigen Chancen und Herausforderungen der nordamerikanischen Automobillandschaft erkannt und sein Angebot auf Luxus und Leistung zugeschnitten, um wohlhabende Verbraucher anzusprechen. Die Einführung von speziell für diesen Markt konzipierten Modellen, gepaart mit dem Fokus auf Kundenservice und einem umfangreichen Händlernetz, festigte die Position von Mercedes-Benz in Nordamerika.

Auch in Schwellenländern wie China und Indien hat Mercedes-Benz eine langfristige Perspektive eingenommen und in Initiativen zum Markenaufbau und zur Kundenbindung investiert. Mercedes-Benz verstand die Bedeutung der lokalen Kultur und Vorlieben und führte Modelle und Dienstleistungen ein, die bei den lokalen Verbrauchern Anklang fanden, und baute nach und nach einen treuen Kundenstamm auf.

Die globale Expansion von Mercedes-Benz erforderte auch die Bewältigung der Komplexität des internationalen Handels, des regulatorischen Umfelds und der Wettbewerbslandschaft. Der Erfolg der Marke beim Aufbau einer globalen Präsenz spiegelt ihre Innovationsfähigkeit wider, nicht nur in Bezug auf Technologie und Design, sondern auch in Bezug auf ihre Geschäftspraktiken und Marktstrategien.

Heute ist Mercedes-Benz eine globale Ikone, eine Marke, die auf allen Kontinenten für Luxus und Qualität steht. Die globale Expansion hat ihr Ethos nicht verwässert, sondern bereichert und es der Marke ermöglicht, eine Vielzahl von Perspektiven und Innovationen zu integrieren. Die Reise von Mercedes-Benz in neue Märkte ist eine Geschichte von Ehrgeiz, Vision und unerschütterlichem Bekenntnis zu seinen Grundwerten.

Während Mercedes-Benz weiterhin die Herausforderungen und Chancen einer globalisierten Wirtschaft meistert, ist seine internationale Präsenz ein eindrucksvoller Beweis für die anhaltende Attraktivität der Marke. Die Geschichte der globalen Expansion dreht sich nicht nur um das Wachstum eines Luxusautomobilherstellers, sondern auch um die universelle Resonanz von Exzellenz, Innovation und Prestige – Qualitäten, für die sich Mercedes-Benz von Anfang an eingesetzt hat. Dieses Kapitel in der Geschichte von Mercedes-Benz unterstreicht die Rolle der Marke als globaler Botschafter des automobilen Luxus und setzt Maßstäbe, die die Automobilwelt inspirieren und beeinflussen.

Kapitel 14: Das Zeitalter der Diversifizierung

Mit der Festigung der Präsenz von Mercedes-Benz auf der Weltbühne begann ein neues Kapitel, das von einer Ära beispielloser Vielfalt in der Modellpalette geprägt war. Diese strategische Entwicklung wurde durch die Erkenntnis vorangetrieben, dass sich die Landschaft der Luxusautokonsumenten veränderte und vielfältiger und nuancierter wurde. Das Zeitalter der Diversifizierung war nicht nur eine Geschäftsstrategie; Es war ein Spiegelbild des Engagements von Mercedes-Benz für Innovation, Reaktionsfähigkeit und den anhaltenden Wunsch, den sich entwickelnden Geschmack und die Bedürfnisse von Fahrern auf der ganzen Welt zu erfüllen und zu übertreffen.

Die Entstehung dieser Diversifizierung lässt sich auf die Erkenntnis zurückführen, dass sich Luxus, Leistung und Innovation in unzähligen Formen manifestieren können. Mercedes-Benz war mit seiner geschichtsträchtigen Geschichte von technischer Exzellenz und Luxus einzigartig positioniert, um auf diese Nachfrage zu reagieren. Die Marke begab sich auf eine Reise zur Erweiterung ihres Angebots und führte ein

Modellspektrum ein, das von eleganten Limousinen und praktischen SUVs bis hin zu Hochleistungssportwagen und umweltfreundlichen Elektrofahrzeugen reichte.

Diese Expansion war sowohl eine Antwort auf die Anforderungen des Marktes als auch ein proaktiver Versuch, die Zukunft der Mobilität zu gestalten. Mercedes-Benz nutzte sein enormes Reservoir an Ingenieurskunst und Designphilosophie, um Fahrzeuge zu entwickeln, die nicht nur die spezifischen Bedürfnisse verschiedener Segmente erfüllten, sondern auch die Kernwerte der Marke beibehielten. Jedes neue Modell war ein Beweis für Qualität, Sicherheit und Luxus und verkörperte den Geist des Sterns.

Die Einführung der kompakten A-Klasse markierte einen bedeutenden Moment in der Diversifizierungsstrategie von Mercedes-Benz. Er war der Vorstoß der Marke in das Premium-Kompaktsegment und bot eine Mischung aus Mercedes-Benz Luxus und Innovation in einem zugänglicheren, vielseitigeren Paket. Die A-Klasse mit ihrem modernen Design und ihrer fortschrittlichen Technologie sprach eine jüngere Zielgruppe an, erweiterte die Attraktivität der

Marke und führte eine neue Generation in das Mercedes-Benz Erlebnis ein.

Gleichzeitig setzte Mercedes-Benz seine Innovationen in den High-End-Segmenten Luxus und Performance fort. Die Einführung des AMG GT, eines reinen Sportwagens mit atemberaubender Performance und Design, unterstrich die Kompetenz der Marke, Fahrzeuge zu schaffen, die ein unvergleichliches Fahrerlebnis bieten. Die Erweiterung der S-Klasse-Modellpalette, einschließlich der Einführung der Maybach-Submarke, bediente die oberen Ränge des Luxus und bot ein unvergleichliches Maß an Komfort, Raffinesse und Personalisierung.

Die Diversifizierung von Mercedes-Benz erstreckte sich auch auf den Bereich der SUVs und Crossover: Die Modelle GLE und GLC setzten neue Maßstäbe für Luxus und Vielseitigkeit im Segment. Mercedes-Benz hat die wachsende Bedeutung der Nachhaltigkeit erkannt und auch die Elektrifizierung seiner Produktpalette eingeleitet und die Marke EQ eingeführt. Dieses Bekenntnis zur Elektromobilität war ein mutiger Schritt in eine nachhaltige Zukunft, die den Verbrauchern den Luxus und die Leistung von Mercedes-Benz emissionsfrei bietet.

Das Zeitalter der Diversifizierung war für Mercedes-Benz eine Zeit des strategischen Wachstums und der Innovation. Mit der Erweiterung der Modellpalette reagierte die Marke nicht nur auf die sich ändernden Bedürfnisse und Vorlieben der Verbraucher, sondern stärkte auch ihre Position als führendes Unternehmen in der Automobilindustrie. In dieser Ära der Diversifizierung ging es um mehr als nur darum, eine breitere Palette von Fahrzeugen anzubieten. Es ging darum, die Verbindung zu den Kunden zu vertiefen, ihren Lebensstil zu verstehen und ihnen Wahlmöglichkeiten zu bieten, die ihren individuellen Wünschen und Bestrebungen entsprechen.

Während Mercedes-Benz weiterhin durch die Komplexität der modernen Automobillandschaft navigiert, ist das Zeitalter der Diversifizierung ein Beweis für die Anpassungsfähigkeit, Weitsicht und das unerschütterliche Engagement der Marke für Spitzenleistungen. Es ist ein Kapitel, das den Weg der Marke hervorhebt, für jeden etwas zu bieten, ohne Kompromisse bei den Werten Luxus, Sicherheit und Leistung einzugehen, die Mercedes-Benz ausmachen.

Kapitel 15: Revolution im Design

Als sich das späte 20. Jahrhundert näherte, befand sich die Automobilwelt an einem Scheideweg, an dem sich verändernde kulturelle Strömungen und technologische Fortschritte die traditionellen Vorstellungen von Autodesign in Frage stellten. Mercedes-Benz, eine Marke, die für zeitlose Eleganz und technische Exzellenz steht, stellte sich diesen Veränderungen und leitete eine Revolution im Design ein, die ihre Identität neu definieren und neue Maßstäbe für die Branche setzen sollte. In dieser transformativen Phase ging es nicht nur um ästhetische Evolution, sondern um eine tiefere Neuvorstellung dessen, was ein Mercedes-Benz sein könnte, der einen mutigen Sprung in die Zukunft signalisierte und gleichzeitig das reiche Erbe der Vergangenheit ehrte.

Die Saat dieser Designrevolution wurde als Reaktion auf eine Welt gesät, die immer globalisierter und technologisch anspruchsvoller wurde. Der anspruchsvolle Geschmack der Kunden entwickelte sich weiter, angetrieben von dem Wunsch nach Fahrzeugen, die nicht nur Luxus und Leistung boten, sondern auch ihren persönlichen Stil und den Wandel der Zeit widerspiegelten. Mercedes-Benz nahm diese Herausforderung an und begab sich auf eine Reise, um seine Designphilosophie neu zu erfinden, eine Reise, die zur Schaffung einiger der ikonischsten Fahrzeuge der Automobilgeschichte führen sollte.

Im Mittelpunkt dieser Revolution stand das Bekenntnis zu einer Designsprache, die Mercedes-Benz "Sinnliche Klarheit" nannte. Diese Philosophie versuchte, die traditionellen Markenzeichen des Mercedes-Benz Designs – klare Linien, ausgewogene Proportionen und zeitlose Eleganz – mit einem neuen Sinn für Dynamik, Emotion und Modernität zu verbinden. Bei Sensual Purity ging es darum, die Essenz des Luxus auf eine zeitgemäße und dauerhafte Weise einzufangen und Fahrzeuge zu schaffen, die sowohl Kunstwerke als auch technische Meisterleistungen waren.

Die ersten Manifestationen dieser neuen Designrichtung zeigten sich in Modellen wie dem CLK, der Ende der 1990er Jahre debütierte. Der CLK beflügelte die Fantasie mit seinem schlanken Profil und seinen fließenden Linien und verkörperte das neue Ethos der sinnlichen Klarheit. Es war eine Absichtserklärung, die die Fähigkeit von Mercedes-Benz zeigte, innovativ zu sein und sich anzupassen, ohne sein Erbe aus den Augen zu verlieren.

Nach dem CLK führte der SLK die Welt in die Magie des versenkbaren Hardtops ein, ein Merkmal, das Innovation mit ästhetischer Schönheit kombinierte und die Grenzen zwischen Coupés und Cabrios verwischte. Der SLK war mehr als nur ein Auto; Es war eine Erklärung des Engagements der Marke, Form mit Funktion, Schönheit mit Technologie zu verbinden.

Das vielleicht bedeutendste Symbol der Designrevolution von Mercedes-Benz war die Einführung des CLS zu Beginn des 21. Jahrhunderts. Mit seiner gewölbten Dachlinie, den rahmenlosen Fenstern und der markanten Frontschürze wurde der CLS als Meisterwerk des Automobildesigns gefeiert und schuf ein neues Marktsegment – das viertürige Coupé –, dem viele Konkurrenten nacheifern würden. Der CLS repräsentierte die Essenz der sinnlichen Klarheit und verschmolz die Eleganz einer Limousine mit der Sportlichkeit eines Coupés auf kühne und schöne Weise.

Diese Ära der Designinnovation beschränkte sich nicht nur auf das Äußere. Im Innenraum durchliefen Mercedes-Benz Fahrzeuge eine ähnliche Transformation, mit Innenräumen, die eine Mischung aus Luxus, Komfort und modernster Technologie boten. Materialien von höchster

Qualität, Handwerkskunst, die dem Erbe der Marke Tribut zollt, und Technologie, die die Bedürfnisse von Fahrern und Passagieren gleichermaßen antizipiert – all diese Elemente kamen zusammen, um ein unvergleichliches Fahrerlebnis zu schaffen.

Die von Mercedes-Benz im späten 20. Jahrhundert eingeleitete Designrevolution war ein entscheidender Moment in der Geschichte der Marke und markierte ein neues Kapitel im Streben nach Perfektion. Es war eine Zeit mutiger Experimente und visionären Denkens, die nicht nur die Marke aufwertete, sondern auch die Richtung des Automobildesigns weltweit beeinflusste. Die Reise von Mercedes-Benz in dieser transformativen Ära ist ein Beweis für die Kraft des Designs, zu inspirieren, zu innovieren und auf emotionaler Ebene zu verbinden, um sicherzustellen, dass jedes Fahrzeug mit dem Stern ein Symbol für Luxus und zukunftsweisendes Design ist.

Kapitel 16: Wegweisende Nachhaltigkeit

Der Anbruch des 21. Jahrhunderts brachte ein wachsendes Bewusstsein für ökologische Herausforderungen und einen gesellschaftlichen Wandel hin zur Nachhaltigkeit mit sich. Mercedes-Benz, immer an der Spitze der automobilen Innovation, erkannte früh die Notwendigkeit, sich anzupassen und den Übergang zu saubereren, nachhaltigeren Automobiltechnologien voranzutreiben. Diese Zeit markierte eine bedeutende Entwicklung in der Geschichte der Marke, da sie sich nicht nur verpflichtete, ihren Ruf für Luxus und Leistung zu wahren, sondern auch ein Pionier in Sachen Umweltschutz im Automobilsektor zu werden.

Der Weg zur Nachhaltigkeit wurde von einem vielschichtigen Ansatz vorangetrieben, der erkannte, dass echte Umweltverantwortung mehr erfordert als nur schrittweise Verbesserungen. Dies erforderte eine ganzheitliche Neugestaltung des automobilen Ökosystems, von den bei der Herstellung verwendeten Materialien bis hin zu den Emissionen, die von Fahrzeugen auf der Straße verursacht werden.

Einer der frühesten und bedeutendsten Schritte in diese Richtung war die Entwicklung und Einführung der BlueTEC-Technologie. BlueTEC wurde Mitte der 2000er Jahre auf den Markt gebracht und war eine revolutionäre Dieseltechnologie, die die Emissionen, insbesondere die Stickoxide, die ein großes Umweltproblem für Dieselmotoren darstellen, erheblich reduzierte. Durch den Einsatz eines fortschrittlichen Abgasnachbehandlungssystems setzen BlueTEC-Fahrzeuge neue Maßstäbe für die Sauberkeit von Dieseln und beweisen, dass Dieselmotoren sowohl leistungsstark als auch umweltfreundlich sein können. "Unser Ziel ist es, den Diesel umweltfreundlich zu machen", erklärte ein Mercedes-Benz Ingenieur bei der Einführung von BlueTEC und brachte damit das Engagement der Marke auf den Punkt, Leistung mit Umweltverantwortung in Einklang zu bringen.

Gleichzeitig erforschte Mercedes-Benz alternative Kraftstofftechnologien und erkannte die Notwendigkeit, die Energiequellen für seine Fahrzeuge zu diversifizieren. Mit der Einführung der Modelle E-CELL und F-CELL, die mit Batterie- bzw. Wasserstoff-Brennstoffzellentechnologie betrieben werden, stieß die Marke in den Bereich der Elektromobilität vor. Diese Modelle waren nicht nur technologische Vorzeigeprojekte, sondern auch ein konkretes Bekenntnis zur Entwicklung emissionsfreier Fahrzeuge, die keine Kompromisse bei Luxus und Leistung eingingen, die die Kunden von Mercedes-Benz erwarteten.

Das Engagement für Nachhaltigkeit manifestiert sich auch in der Verwendung umweltfreundlicher Materialien und Herstellungsverfahren. Mercedes-Benz hat Initiativen ergriffen, um die Recyclingfähigkeit seiner Fahrzeuge zu erhöhen, den Abfall- und Wasserverbrauch in seinen Produktionsstätten zu reduzieren und Materialien auf verantwortungsvolle Weise zu beschaffen. Dieser ganzheitliche Nachhaltigkeitsansatz unterstrich die Erkenntnis der Marke, dass die Umweltverantwortung über die Auspuffemissionen ihrer Fahrzeuge hinausgeht.

Im Bereich der Elektromobilität war Mercedes-Benz mit der Einführung der Marke EQ Ende der 2010er-Jahre ein mutiges Statement für die Zukunft. Die Marke EQ, die sich auf Elektrofahrzeuge spezialisiert hat, war ein wichtiger Schritt zur Erreichung des Ziels der Marke, eine klimaneutrale Neuwagenflotte anzubieten. Die EQ-Reihe mit Modellen wie dem EQC kombinierte den für Mercedes-Benz typischen Luxus und die

Technologie mit den Vorteilen des Elektroantriebs und bot eine überzeugende Vision der Zukunft der Mobilität.

Pionierarbeit bei der Nachhaltigkeit war für Mercedes-Benz nicht nur ein strategischer Schritt. Es war ein Spiegelbild eines tieferen Unternehmensethos, das die Verantwortung der Marke für die Gesellschaft und den Planeten anerkannte. "Wir sind auf dem Weg in eine nachhaltigere Zukunft", sagte ein Unternehmenssprecher und brachte damit die Essenz des Engagements von Mercedes-Benz auf den Punkt, eine führende Rolle im Umweltschutz zu übernehmen.

Die frühen Schritte von Mercedes-Benz hin zu saubereren, nachhaltigeren Automobiltechnologien haben die Voraussetzungen für den breiteren Wandel der Branche in Richtung Nachhaltigkeit geschaffen. Durch Innovation, Engagement und die Bereitschaft, mit gutem Beispiel voranzugehen, hat Mercedes-Benz nicht nur seinen Ruf für Luxus und Leistung aufrechterhalten, sondern auch gezeigt, dass sich diese Qualitäten nicht mit Umweltverantwortung ausschließen. Der Weg der Marke in Richtung Nachhaltigkeit ist ein Beweis für ihre Vision für die

Zukunft der Mobilität – eine Zukunft, die nicht nur technologisch fortschrittlich ist, sondern auch im Einklang mit der Umwelt steht.

Kapitel 17: Das Millennium meistern

Das neue Jahrtausend brachte eine digitale Revolution mit sich, die jeden Aspekt der Gesellschaft, einschließlich der Automobilindustrie, veränderte. Mercedes-Benz stand mit seiner geschichtsträchtigen Innovationstradition an der Spitze dieses Wandels und war bereit, die Herausforderungen und Chancen des digitalen Zeitalters anzunehmen. Diese Ära war ein entscheidender Moment für die Marke, da sie versuchte, modernste digitale Technologien in ihre Fahrzeuge zu integrieren, um das Fahrerlebnis, die Sicherheit und die Konnektivität zu verbessern und damit Luxus für das 21. Jahrhundert neu zu definieren.

Zu Beginn des Jahrtausends begab sich Mercedes-Benz auf den Weg, die digitale Technologie zu beherrschen, nicht nur als Werkzeug für Innovationen, sondern als grundlegende Säule seiner Design- und Ingenieursphilosophie. Die Marke erkannte früh, dass die Zukunft der automobilen Exzellenz in der nahtlosen Integration von digitaler und physischer Welt liegt. Diese Vision führte zur Entwicklung bahnbrechender Funktionen, die die digitale Technologie nutzen, um neue Maßstäbe in Bezug auf Komfort, Sicherheit und Leistung zu setzen.

Eine der ersten Manifestationen dieser digitalen Revolution war die Einführung des COMAND-Systems, des Cockpit-Management- und Datensystems von Mercedes-Benz. COMAND vereinte Navigations-, Kommunikations- und Entertainment-Funktionen in einer einzigen, intuitiven Oberfläche und veränderte die Art und Weise, wie Fahrer mit ihren Fahrzeugen interagieren. Dieses System war ein Vorläufer der ausgeklügelten Infotainmentsysteme, die in der Branche zum Standard werden sollten, und zeigte das Engagement von Mercedes-Benz, das Benutzererlebnis durch Technologie zu verbessern.

Auch die Sicherheit, ein Eckpfeiler der Marke Mercedes-Benz, profitierte von den Fortschritten in der digitalen Technologie. Die Einführung von Systemen wie PRE-SAFE, das mit Hilfe von Sensoren drohende Kollisionen erkennt und das Fahrzeug und seine Insassen durch Straffen der Sicherheitsgurte, Anpassen von Sitzen und Schließen von Fenstern vorbereitet, ist ein Beispiel dafür, wie digitale Technologie zum Schutz von Leben genutzt werden kann. Auch aktive Sicherheitsfunktionen wie DISTRONIC PLUS und der

Aktive Spurhalte-Assistent unterstützen den Fahrer mit digitalen Sensoren und Algorithmen und machen das Fahren nicht nur sicherer, sondern auch angenehmer.

Das digitale Zeitalter brachte auch das Konzept des vernetzten Autos mit sich, und Mercedes-Benz hat diese neue Dimension der Automobiltechnologie schnell angenommen. Mercedes me connect, eine Suite von Diensten und Apps, die Fahrzeuge mit dem digitalen Leben ihrer Besitzer verbinden sollte, bot Funktionalitäten, die von Fernstart und Türverriegelung/-entriegelung bis hin zu Wartungsmanagement und Rettungsdiensten reichten. Dieses Ökosystem der Konnektivität verbesserte nicht nur den Komfort und die Sicherheit von Mercedes-Benz Fahrzeugen, sondern eröffnete auch neue Wege für personalisierte Erlebnisse und verwischte die Grenzen zwischen Mobilität und digitalem Lebensstil.

Der Übergang zur Elektromobilität, ein wichtiger Baustein der Zukunftsstrategie von Mercedes-Benz, wurde auch durch digitale Innovationen vorangetrieben. Die Integration digitaler Technologien in Elektrofahrzeuge wie den EQC ermöglichte nicht nur neuartige Antriebsformen, sondern auch neue Möglichkeiten, mit dem

Fahrzeug zu interagieren und es zu steuern. Von ausgeklügelten Batteriemanagementsystemen bis hin zu Apps, mit denen Benutzer den Ladestatus überwachen und den Energieverbrauch verwalten können, wurde die digitale Technologie zu einem zentralen Bestandteil des EV-Erlebnisses.

Um das Jahrtausend zu meistern, ging es für Mercedes-Benz um mehr als nur die Einführung digitaler Technologien. Es ging darum, die digitale Transformation in der Automobilindustrie anzuführen. Durch die Integration digitaler Innovationen in alle Aspekte seiner Fahrzeuge hat Mercedes-Benz die Herausforderungen des neuen Jahrtausends nicht nur angenommen, sondern auch seine Chancen genutzt. Die Reise der Marke durch das digitale Zeitalter ist ein Beweis für ihre Fähigkeit, sich weiterzuentwickeln, die Zukunft zu antizipieren und weiterhin den Standard für Luxus, Sicherheit und Leistung in einer sich ständig verändernden Welt zu setzen.

Während Mercedes-Benz weiterhin durch die Komplexität und Möglichkeiten des digitalen Zeitalters navigiert, unterstreichen seine frühen und kontinuierlichen Bemühungen um die Beherrschung digitaler Technologien das anhaltende Engagement der Marke für Exzellenz und ihre Vision für die

Zukunft der Mobilität – eine Zukunft, die vernetzt, nachhaltig und durch die Kraft der digitalen Innovation bereichert ist.

Kapitel 18: Der neue Luxus

In den frühen Jahren des 21. Jahrhunderts hat Mercedes-Benz ein ehrgeiziges Unterfangen unternommen, Ultra-Luxus in der Automobilwelt neu zu definieren. Dieses Streben führte zur Wiederbelebung und Neuinterpretation eines Namens, der von automobilen Legenden durchdrungen ist – Maybach. Die Einführung von Maybach als Submarke von Mercedes-Benz war nicht nur eine Ergänzung des illustren Portfolios des Unternehmens; Es war ein mutiges Statement für die Vision der Marke für die Zukunft des Luxus, eine Zukunft, in der Tradition und Innovation zusammenkommen, um etwas wirklich Außergewöhnliches zu schaffen.

Der Name Maybach, dessen Wurzeln bis ins frühe 20. Jahrhundert zurückreichen, war lange Zeit ein Synonym für Opulenz und Pracht. Bei der Wiederbelebung dieser geschichtsträchtigen Marke wollte Mercedes-Benz die Essenz des maßgeschneiderten Luxus einfangen und Fahrzeuge herstellen, die nicht nur Transportmittel, sondern rollende Verkörperungen von Kunstfertigkeit und Individualität sind. Die Einführung der Submarke Maybach stellte ein neues Kapitel in der Geschichte des Luxus dar, in dem

Personalisierung, Exklusivität und unvergleichlicher Komfort im Vordergrund standen.

Die Flaggschiffe der Maybach-Baureihe, wie der Maybach 57 und 62 und später die Mercedes-Maybach S-Klasse, waren Meisterwerke des Automobildesigns und der Ingenieurskunst. Diese Fahrzeuge zeichneten sich nicht nur durch ihre imposante Präsenz und ihre anmutigen Linien aus, sondern auch durch die akribische Liebe zum Detail, die sich in jedem Aspekt ihrer Konstruktion zeigte. Von handgenähten Lederausstattungen bis hin zu maßgeschneiderten Oberflächen und Materialien war jeder Maybach ein Beweis für die Handwerkskunst und das Know-how seiner Schöpfer.

Das Interieur eines Maybach wurde als Zufluchtsort des Luxus konzipiert und bietet ein unvergleichliches Maß an Komfort und Raffinesse. Features wie Executive-Sitze mit Massagefunktionen, Ambientebeleuchtung und fortschrittliche Infotainmentsysteme verwandelten die Kabine in eine mobile Lounge, die auf die Bedürfnisse und Wünsche der Insassen zugeschnitten ist. Die Integration modernster Technologie stellte sicher, dass die Passagiere sowohl Konnektivität als auch Privatsphäre genießen konnten, was jede Fahrt zu einem erhabenen Erlebnis machte.

Unter dem exquisiten Exterieur und dem prunkvollen Interieur glänzten Maybach-Fahrzeuge auf dem Höhepunkt der Automobiltechnik. Fortschrittliche Antriebsstränge sorgten für mühelose Leistung, während Innovationen bei Federung und Geräuschreduzierung für ein dynamisches und ruhig leises Fahrverhalten sorgten. Diese Verschmelzung von Leistung und Komfort unterstrich das Engagement von Maybach, ein unvergleichliches Fahrerlebnis zu bieten, das dem anspruchsvollen Geschmack der Weltelite gerecht wird.

Die Einführung der Submarke Maybach zeigte auch das Verständnis von Mercedes-Benz für die sich entwickelnde Luxuslandschaft. In einer Welt, in der Luxus über die bloße Anhäufung materieller Güter hinausging und einzigartige Erfahrungen und Ausdrucksformen von Individualität umfasste, bot Maybach eine Leinwand für die Personalisierung, die es den Besitzern ermöglichte, ihre Fahrzeuge mit ihrem persönlichen Stil und ihren Vorlieben zu prägen. Dieser maßgeschneiderte Ansatz für Luxus spiegelte einen tieferen Trend zu erlebnisorientiertem und personalisiertem Luxus wider und fand Anklang bei einer Kundschaft, die das Außergewöhnliche und Exklusive suchte.

Die Neudefinition von Ultra-Luxus durch die Submarke Maybach war ein mutiger Schritt, der die Führungsposition von Mercedes-Benz im Segment der Luxusautomobile stärkte. Es war ein Beweis für die Fähigkeit der Marke, innovativ zu sein und sich anzupassen, Tradition mit Moderne zu verbinden und Fahrzeuge zu schaffen, die die Erwartungen der anspruchsvollsten Kunden nicht nur erfüllen, sondern übertreffen.

Während Mercedes-Benz seinen Weg durch das 21. Jahrhundert fortsetzt, steht die Submarke Maybach als Leuchtfeuer für Ultra-Luxus, ein Symbol für das unerschütterliche Engagement der Marke für Exzellenz und eine Erinnerung daran, dass wahrer Luxus zeitlos ist und Trends und Epochen überwindet, um etwas zu schaffen, das sowohl Bestand hat als auch sich ständig weiterentwickelt. Die Geschichte von Maybach ist mehr als nur die Einführung einer Submarke; Es spiegelt den Weg von Mercedes-Benz wider, die Zukunft des Luxus zu definieren und Erlebnisse zu schaffen, die so einzigartig und individuell sind wie die geschätzte Kundschaft der Marke.

Kapitel 19: Elektrisierende Leistung

Während sich die Geschichte von Mercedes-Benz entfaltet, entsteht ein spannendes Kapitel, das dem unermüdlichen Streben der Marke nach Leistung gewidmet ist. Die Geschichte der Mercedes-AMG Division verkörpert das Bestreben, den Höhepunkt der Ingenieurskunst mit dem seelenbewegenden Rausch des Motorsports zu verbinden. Entstanden aus dem Bestreben, Serienfahrzeuge mit renntauglicher Leistung auszustatten, entwickelte sich AMG – ein Unternehmen, das als unabhängiges Ingenieurbüro begann, das sich auf Leistungsverbesserungen für Mercedes-Benz Fahrzeuge spezialisierte – zu einem Eckpfeiler der Marke, der sowohl ihren Wettbewerbsgeist als auch ihre Ingenieurskunst symbolisiert.

Die Ursprünge von AMG reichen bis in die späten 1960er Jahre zurück, gegründet von Hans Werner Aufrecht und Erhard Melcher. Der Name selbst "AMG" leitet sich von den Initialen der Nachnamen der Gründer und Aufrechts Geburtsort Großaspach ab. Zunächst konzentrierte sich AMG auf die Entwicklung von Rennmotoren, aber es wurde bald klar, dass die Verschmelzung der Performance-DNA von AMG mit dem Luxus-Ethos von Mercedes-Benz die Landschaft der Hochleistungs-

Straßenfahrzeuge neu definieren könnte. Diese Partnerschaft, die Anfang der 1990er Jahre formalisiert wurde, markierte den Beginn einer neuen Ära, nicht nur für die beiden Unternehmen, sondern auch für Enthusiasten, die das Nonplusultra an automobiler Leistung und Luxus suchen.

Die Entwicklung und der Erfolg der Mercedes-AMG Division sind geprägt von einem unermüdlichen Drang, die Grenzen des Machbaren zu verschieben. AMG-Modelle sind bekannt für ihr unverwechselbares, aggressives Design, ihre Präzisionstechnik und vor allem für ihre herzzerreißende Kraft. Vom tiefen Knurren ihrer Auspuffanlagen bis hin zur exquisiten Handwerkskunst ihres Interieurs verkörpern AMG-Fahrzeuge eine perfekte Balance zwischen tierischer Leistung und raffiniertem Luxus.

Eine der ikonischsten Errungenschaften der Division ist die Entwicklung des AMG 6,3-Liter-V8-Motors, der für seine bemerkenswerte Leistung und seinen Gänsehaut-Soundtrack bekannt ist. Dieser Motor setzte nicht nur neue Maßstäbe in der Leistung, sondern unterstrich auch die Fähigkeit von AMG, Leistung mit Umweltverantwortung zu verbinden, indem er Technologien zur

Verbesserung der Kraftstoffeffizienz und zur Reduzierung von Emissionen integrierte.

Im Laufe der Jahre hat AMG immer wieder Innovationen entwickelt und Technologien wie das AMG SPEEDSHIFT DCT 7-Gang-Sportgetriebe und das AMG RIDE CONTROL Sportfahrwerk eingeführt, die ein unvergleichliches Fahrerlebnis ermöglichen und dem Fahrer Agilität, Stabilität und Reaktionsfähigkeit zur Verfügung stellen. Jedes AMG-Modell ist ein Zeugnis für das Ethos der Division "One Man, One Engine", wobei jeder Motor von einem einzigen Motorenbaumeister handgefertigt wird, eine Tradition, die das Engagement der Marke für Präzision und Individualität veranschaulicht.

Die Geschichte von AMG beschränkt sich nicht nur auf Verbrennungsmotoren. AMG hat den Wandel hin zu Nachhaltigkeit und Elektrifizierung in der Automobilindustrie erkannt und sich der Herausforderung gestellt, sein Performance-Erbe in das Elektrozeitalter zu übertragen. Mit der Einführung von Hybrid- und vollelektrischen AMG Modellen beginnt ein neues Kapitel in der Geschichte der Division, das die Performance im Zeitalter der Elektrifizierung neu zu definieren verspricht. Diese Entwicklung zeigt das

Engagement von AMG für Innovation und seine Fähigkeit, sich an eine sich verändernde Automobillandschaft anzupassen und führend zu sein.

Der Erfolg des Geschäftsbereichs Mercedes-AMG geht über die produzierten Fahrzeuge hinaus. AMG hat eine leidenschaftliche Gemeinschaft von Enthusiasten und Besitzern aufgebaut, ein Beweis für die Fähigkeit der Marke, sich auf emotionaler Ebene mit denen zu verbinden, die nicht nur ein Auto, sondern ein Erlebnis suchen - eine Mischung aus Adrenalin, Leistung und Luxus, die einzigartig für AMG ist.

Während Mercedes-Benz seinen Kurs durch das 21. Jahrhundert weiter vorantreibt, bleibt der Geschäftsbereich Mercedes-AMG ein zentraler Teil seiner Geschichte und steht sinnbildlich für das Engagement der Marke für Exzellenz, Innovation und pure Freude am Fahren. Die Entwicklung und der Erfolg von AMG verdeutlichen nicht nur die technische Leistungsfähigkeit von Mercedes-Benz, sondern auch das Verständnis, dass im Herzen jedes Fahrzeugs Abenteuerlust und eine Leidenschaft für Leistung stehen, die die Seele elektrisiert.

Kapitel 20: Innovationstrieb

In der sich entwickelnden Geschichte von Mercedes-Benz entfaltet sich ein bahnbrechendes Kapitel, das den Vorstoß der Marke in die Grenzen der autonomen Fahrtechnologie hervorhebt. Dieser Sprung in die Zukunft der Mobilität unterstreicht das anhaltende Vermächtnis von Mercedes-Benz als Innovator, der sich nicht nur an die sich verändernde Landschaft der Automobilwelt anpasst, sondern ihre Richtung aktiv mitgestaltet. Das Streben nach bahnbrechender autonomer Fahrtechnologie ist ein Beweis für das Engagement der Marke für Sicherheit, Luxus und die nahtlose Integration menschlicher Erfahrungen mit modernster Technologie.

Im Laufe des 21. Jahrhunderts wandelte sich das Konzept des autonomen Fahrens aus dem Reich der Science-Fiction in eine bevorstehende Realität. Mercedes-Benz, immer an der Spitze der automobilen Innovation, nahm diese Herausforderung mit visionärem Eifer an. Der Ansatz der Marke für autonomes Fahren basiert auf der Überzeugung, dass Technologie dazu dienen sollte, das menschliche Leben zu verbessern und ein neues Maß an Komfort, Sicherheit und Effizienz zu bieten. Diese Philosophie leitete Mercedes-Benz bei der Entwicklung intelligenter Systeme, die darauf ausgelegt sind, eine sich ständig verändernde Fahrumgebung zu antizipieren und darauf zu reagieren, um eine Zukunft zu gewährleisten, in der Fahrzeuge nicht nur autonom, sondern auch intuitiv mit den Bedürfnissen und der Sicherheit ihrer Insassen verbunden sind.

Einer der wichtigsten Meilensteine auf dem Weg von Mercedes-Benz zum autonomen Fahren war die Einführung des Intelligent Drive-Systems. Diese Suite fortschrittlicher Fahrerassistenzfunktionen stellte einen entscheidenden Schritt in Richtung vollständiger Autonomie dar und umfasste Technologien wie den aktiven Abstandsassistenten DISTRONIC, den aktiven Lenkassistenten und PRE-SAFE-Systeme®, die Unfälle vorhersagen und verhindern können, bevor sie passieren. Diese Innovationen setzten nicht nur neue Maßstäbe für Sicherheit und Komfort, sondern zeigten auch das Potenzial der autonomen Technologie, das Fahrerlebnis neu zu definieren.

Das Engagement von Mercedes-Benz für die Zukunft des autonomen Fahrens wurde durch Investitionen in Forschung und Entwicklung, Partnerschaften mit Technologieunternehmen und die Teilnahme an globalen Konsortien zur Festlegung der Standards und Vorschriften für autonome Fahrzeuge weiter unterstrichen. Bei der Führungsrolle der Marke in diesem Bereich ging es nicht nur um technologische Fähigkeiten, sondern auch um die Gestaltung einer Zukunft, in der Mobilität zugänglich, nachhaltig und nahtlos in das tägliche Leben integriert ist.

Bei der Vision der Zukunft des autonomen Fahrens hat Mercedes-Benz auch die Rolle des Fahrzeugs selbst neu gedacht. Konzepte wie der F 015 Luxury in Motion und der VISION AVTR haben einen Blick in eine Zukunft geworfen, in der das Auto nicht nur Fortbewegungsmittel ist, sondern interaktive, intelligente Begleiter, die die individuellen Bedürfnisse ihrer Insassen verstehen und sich an sie anpassen. Diese Konzeptfahrzeuge mit ihren futuristischen Designs und innovativen Funktionen dienen als Leinwand für die Erforschung von Ideen wie Autonomie, Konnektivität und Nachhaltigkeit.

Das Streben nach autonomer Fahrtechnologie ist mit der umfassenderen Vision von Mercedes-Benz für die Zukunft der Mobilität verflochten – einer Vision, die von den Prinzipien Nachhaltigkeit, Sicherheit und menschenzentriertem Design geprägt ist. Die Pionierarbeit der Marke in diesem Bereich spiegelt das Engagement wider, die Zukunft nicht nur zu steuern, sondern auch in die Zukunft zu führen, um sicherzustellen, dass der vor uns liegende Weg sicherer, effizienter und angenehmer für alle ist.

Während Mercedes-Benz seine Innovationsoffensive fortsetzt, bleibt der Weg zum autonomen Fahren ein Schlüsselkapitel in der Geschichte der Marke, das für ihr Vermächtnis als Leuchtturm der Innovation steht. In diesem Kapitel geht es nicht nur um die Entwicklung der Technologie, sondern auch darum, den Weg in eine Zukunft zu ebnen, in der Technologie und Menschlichkeit konvergieren, um ein neues Paradigma der Mobilität zu schaffen, das verspricht, unsere Beziehung zu den Fahrzeugen, die wir fahren, und der Welt um uns herum zu verändern.

Kapitel 21: Der Zukunft zusehen

Als sich der Horizont der Automobillandschaft mit dem Anbruch einer neuen Ära erweiterte, nahm Mercedes-Benz mit seinem geschichtsträchtigen Erbe an Innovation und Luxus die Herausforderung an, die Führung in die Zukunft zu übernehmen. Diese Zukunft war elektrisierend und läutete einen transformativen Wandel hin zu Nachhaltigkeit und Innovation ein. Im Mittelpunkt des Engagements von Mercedes-Benz für diese neue Richtung stand die Einführung der Marke EQ, eine mutige Initiative, die den Beginn einer umfassenden Strategie zur Elektrifizierung der Zukunft der Mobilität markierte.

Die Entstehung der Marke EQ war sowohl eine Reaktion auf die wachsenden Umweltbedenken als auch ein Spiegelbild des visionären Ansatzes von Mercedes-Benz in Automobildesign und -technik. EQ, die Abkürzung für "Electric Intelligence", wurde entwickelt, um den Vorstoß der Marke in Elektrofahrzeuge (EVs) zu verkörpern und das Engagement für die Kombination von Luxus, Sicherheit und Leistung von Mercedes-Benz mit emissionsfreier Technologie zu verkörpern. Die Marke EQ war mehr als nur eine neue Fahrzeugpalette; Es war eine Absichtserklärung, eine Erklärung des Engagements von Mercedes-

Benz, eine nachhaltige Zukunft zu gestalten, ohne die Werte zu beeinträchtigen, die die Marke seit über einem Jahrhundert ausmachen.

Das Flaggschiff der Marke EQ, der Mercedes-Benz EQC, diente als Vorreiter dieser elektrischen Revolution. Als vollelektrisches SUV war der EQC eine harmonische Mischung aus Funktionalität, Design und Technologie und bot einen Blick in die Zukunft der Luxusmobilität. Mit seinem ausgeklügelten elektrischen Antriebsstrang bot der EQC ein aufregendes Fahrerlebnis, das durch die leise Leistung und das sofortige Drehmoment von Elektrofahrzeugen unterstrichen wurde. Das Exterieurdesign des EQC mit seinen fugenlosen Oberflächen und futuristischen Akzenten artikulierte optisch den Innovationsgeist der Marke EQ, während das Interieur den für Mercedes-Benz typischen Premium-Komfort und fortschrittliche Technologie bot.

Über die Einführung von Elektrofahrzeugen hinaus stand die Marke EQ für einen ganzheitlichen Ansatz zur Elektrifizierung. Dies umfasste die Entwicklung eines umfassenden Ökosystems für Elektromobilität, einschließlich Lösungen für Ladeinfrastruktur, Energiemanagement und nachhaltige Produktion. Mercedes-Benz erkannte, dass es bei der Umstellung auf Elektrofahrzeuge nicht nur um die Autos selbst ging, sondern auch um die Förderung eines nachhaltigen Lebensstils, der mit den Werten seiner Kunden übereinstimmt.

Das Engagement von Mercedes-Benz für die Elektrifizierung und die Einführung der Marke EQ wurden durch erhebliche Investitionen in Forschung und Entwicklung, Partnerschaften mit Technologieunternehmen und Initiativen zur Ökologisierung der Produktionsstätten untermauert. Die Strategie der Marke beinhaltete das mutige Versprechen, bis zu einem bestimmten Zeitplan eine elektrifizierte Version jedes Modells ihrer Produktpalette anzubieten, was einen tiefgreifenden Wandel in ihrer Herangehensweise an die Fahrzeugherstellung und das Design signalisiert.

Mit Blick auf die Zukunft steht die Reise von Mercedes-Benz mit der Marke EQ sinnbildlich für die Agilität und Weitsicht der Marke. Es ist eine Reise, die von der Herausforderung geprägt ist, die Essenz von Luxus und Leistung in einer neuen Ära der Mobilität zu bewahren. Mit der Marke EQ adressiert Mercedes-Benz nicht nur die Anforderungen eines umweltbewussten Marktes, sondern geht auch mit gutem Beispiel voran und zeigt, dass Luxus und Nachhaltigkeit nebeneinander existieren können, und läutet ein neues Kapitel in der Geschichte der Marke ein.

Während Mercedes-Benz die EQ-Palette weiter ausbaut und neue Modelle einführt, die unterschiedlichen Geschmäckern und Bedürfnissen gerecht werden, bleibt das Engagement der Marke für die Elektrifizierung unerschütterlich. Die Marke EQ ist nicht nur eine Fußnote in der Geschichte von Mercedes-Benz; Es ist ein Eckpfeiler der Strategie der Marke, die Komplexität des 21. Jahrhunderts zu bewältigen und sicherzustellen, dass Mercedes-Benz an der Spitze der automobilen Exzellenz und Innovation bleibt. Mit Blick auf die Zukunft steht Mercedes-Benz zu einer Vision, in der Elektromobilität ein Synonym für Luxus, Leistung und Nachhaltigkeit ist – ein Beweis für das nachhaltige Erbe und den Pioniergeist der Marke.

Kapitel 22: Luxus neu gedacht

In der sich ständig weiterentwickelnden Geschichte von Mercedes-Benz, einer Marke, die für den Höhepunkt automobilen Luxus und Innovation steht, ist die Einführung der neuesten S-Klasse ein Beweis für das unermüdliche Streben der Marke nach Perfektion. Dieses Kapitel mit dem Titel "Luxury Reimagined" befasst sich mit der Essenz der neuen S-Klasse und enthüllt, wie Mercedes-Benz die Maßstäbe für Luxus, Technologie und Komfort in der Automobilwelt erneut neu definiert hat.

Die neueste Version der S-Klasse, die oft als das "beste Auto der Welt" bezeichnet wird, ist mehr als nur ein Automobil; es ist die Verkörperung der Vision von Mercedes-Benz für die Zukunft der Luxusmobilität. Mit jeder neuen Generation steht die S-Klasse an der Spitze der Innovation, und diese neueste Version setzt dieses Erbe fort und integriert fortschrittliche Technologie mit unvergleichlichem Komfort, um eine Oase des Luxus auf Rädern zu schaffen.

Im Mittelpunkt der Attraktivität der neuen S-Klasse steht ihr revolutionärer Ansatz für das Fahrerlebnis, der die Sinne anspricht und auf das Wohlbefinden der Insassen eingeht. Das Interieur, ein Refugium des Komforts und der Eleganz, ist mit Materialien von höchster Qualität ausgestattet, von den geschmeidigen Ledersitzen bis hin zu den komplizierten Holzverkleidungen und Akzenten aus gebürstetem Metall. Die Ambientebeleuchtung mit einer Palette von 64 Farben ermöglicht es den Passagieren, ihre Umgebung zu personalisieren und eine Atmosphäre zu schaffen, die ihre Stimmung und Vorlieben widerspiegelt.

Die Technologie ist nahtlos in das Gefüge des S-Klasse Erlebnisses eingewoben, mit Innovationen, die sowohl die Funktionalität als auch das Vergnügen steigern. Das Infotainmentsystem Mercedes-Benz User Experience (MBUX) stellt einen Sprung nach vorne in der automobilen Interaktion dar und bietet intuitive Sprachsteuerung, Augmented Reality für die Navigation und ein Maß an Personalisierung, das die Bedürfnisse und Wünsche von Fahrer und Passagieren antizipiert. Die Lern- und Anpassungsfähigkeit des Systems an die Vorlieben des Nutzers ist ein Beispiel für das Engagement der S-Klasse, ein wirklich intelligentes Fahrerlebnis zu schaffen.

Sicherheit, ein Eckpfeiler des Mercedes-Benz Ethos, erreicht in der neuesten S-Klasse neue Höhen. Das Fahrzeug verfügt über wegweisende

Sicherheitsfeatures wie die Hinterachslenkung für eine verbesserte Manövrierfähigkeit, das Fahrwerk E-ACTIVE BODY CONTROL, das das Fahrzeug bei einem Seitenaufprall anheben kann, und die neueste Generation von Fahrassistenzsystemen, die den Weg zum teilautonomen Fahren ebnen. Diese Innovationen schützen nicht nur die Insassen, sondern tragen auch zu einem ruhigen Fahrerlebnis bei und stärken die Position der S-Klasse als Hüter der Sicherheit der Insassen.

Über ihre greifbaren Merkmale hinaus repräsentiert die neueste S-Klasse das philosophische Engagement von Mercedes-Benz für Luxus in Neuinterpretation. Es ist ein Fahrzeug, das herkömmliche Vorstellungen von Luxus überwindet und ein ganzheitliches Erlebnis bietet, bei dem Komfort, Sicherheit und Wohlbefinden seiner Insassen im Vordergrund stehen. Die S-Klasse fordert die Grenzen von Automobildesign, -technik und -technologie heraus und setzt neue Maßstäbe für das, was ein Luxusauto sein kann.

Während Mercedes-Benz weiterhin die Zukunft der Mobilität steuert, dient die Einführung der neuesten S-Klasse als Leuchtfeuer für das anhaltende Erbe der Marke und ihre zukunftsweisende Vision. Beim Luxus, der in der neuen S-Klasse neu interpretiert wird, geht es nicht nur um die Weiterentwicklung der Technologie oder die Verbesserung des Komforts. Es geht darum, ein unvergleichliches Erlebnis zu schaffen, das die Seele bewegt und einen Blick in die Zukunft der Luxusmobilität bietet – eine Zukunft, in der Innovation, Eleganz und menschenzentriertes Design zusammenkommen, um die Essenz von Luxus auf der Straße neu zu definieren.

Kapitel 23: Die digitale Morgendämmerung

Zu Beginn des neuen Jahrtausends begibt sich Mercedes-Benz auf eine Reise in die "Digitale Morgendämmerung", eine Ära, die durch die nahtlose Integration modernster digitaler Technologien in das Fahrerlebnis geprägt ist. In diesem Kapitel der geschichtsträchtigen Geschichte von Mercedes-Benz geht es nicht nur um die Entwicklung der Automobiltechnologie; Es ist ein Beweis für den visionären Ansatz der Marke, die Beziehung zwischen Fahrer, Fahrzeug und digitaler Welt neu zu definieren. Im Mittelpunkt dieser Transformation steht das Engagement, ein intuitives, vernetztes und immersives Fahrerlebnis zu schaffen, das die Bedürfnisse und Wünsche des modernen Fahrers vorwegnimmt.

Die Digital Dawn bei Mercedes-Benz steht im Zeichen der Einführung des Mercedes-Benz User Experience (MBUX)-Systems, einer revolutionären Infotainment-Plattform, die einen Quantensprung in der Interaktion zwischen Auto und Nutzer darstellt. MBUX wurde mit dem Versprechen gestartet, eine menschenzentriertere Benutzeroberfläche zu schaffen, und bietet natürliche Sprachverarbeitung, berührungsempfindliche Oberflächen und künstliche Intelligenz, die aus den Gewohnheiten und Vorlieben des Benutzers lernen kann. Das intelligente System bietet personalisierte Vorschläge für Navigation, Entertainment und Fahrzeugfunktionen und macht das Fahrerlebnis nicht nur sicherer und komfortabler, sondern auch angenehmer.

Über MBUX hinaus setzt Mercedes-Benz auf digitale Innovationen in allen Bereichen des Automobilerlebnisses. Die Integration von Augmented Reality in Navigationssysteme überlagert beispielsweise Richtungsinformationen mit der realen Sicht und bietet eine intuitive Möglichkeit, sich in komplexen Umgebungen zurechtzufinden. Ebenso stellt die Implementierung digitaler Dienste wie Fahrzeugfernverwaltung und Over-the-Air-Software-Updates sicher, dass Mercedes-Benz Fahrzeuge auf dem neuesten Stand der Technik bleiben und sich kontinuierlich mit den Bedürfnissen ihrer Fahrer weiterentwickeln.

Die Sicherheit, die für Mercedes-Benz seit jeher an erster Stelle steht, wird in der Digital Dawn deutlich verbessert. Fortschrittliche Fahrerassistenzsysteme (ADAS), die eine Reihe von Sensoren, Kameras und Radar nutzen, bieten ein beispielloses Maß an Unterstützung für die Unfallvermeidung und die

Wachsamkeit des Fahrers. Features wie der Aktive Abstands-Assistent DISTRONIC und der Aktive Lenk-Assistent stehen beispielhaft dafür, dass die Marke digitale Technologien einsetzt, um ein sichereres Fahrumfeld zu schaffen und dem Ziel des unfallfreien Fahrens immer näher zu kommen.

Die Digital Dawn läutet auch eine neue Ära der Fahrzeugkonnektivität ein. Mercedes-Benz Fahrzeuge sind heute stärker als je zuvor mit dem digitalen Ökosystem verbunden und bieten eine nahtlose Integration mit Smartphones, Smart Homes und sogar der breiteren städtischen Infrastruktur. Diese Vernetzung verbessert nicht nur die praktischen Aspekte des Fahrens wie Navigation und Verkehrsmanagement, sondern eröffnet auch neue Möglichkeiten für umweltfreundliches Fahren und Energiemanagement, insbesondere im Zusammenhang mit Elektrofahrzeugen.

Darüber hinaus hat das Aufkommen digitaler Technologien es Mercedes-Benz ermöglicht, den Design- und Fertigungsprozess neu zu gestalten und Techniken wie digitale Zwillinge und virtuelle Realität einzusetzen, um die Effizienz zu steigern, Abfall zu reduzieren und Fahrzeuge zu schaffen, die sowohl schön sind als auch nach den höchsten

Standards in Bezug auf Präzision und Qualität gebaut werden.

Die Digital Dawn bei Mercedes-Benz ist ein mutiger Vorstoß in die Zukunft, eine Zukunft, in der Technologie und Tradition verschmelzen, um automobile Erlebnisse zu schaffen, die gleichzeitig luxuriös, sicher und zutiefst mit dem digitalen Zeitalter verbunden sind. Es ist ein Bekenntnis zur Innovation, das über bloße Gadgets und Gizmos hinausgeht und sich stattdessen auf sinnvolle Verbesserungen des Fahrerlebnisses konzentriert, die die Zukunft vorwegnehmen und gleichzeitig das Erbe der Vergangenheit ehren.

Während Mercedes-Benz diese digitale Transformation weiter vorantreibt, bleibt die Marke standhaft in ihrer Mission, nicht nur mit der Zeit Schritt zu halten, sondern das Tempo vorzugeben und die Branche in eine neue Ära der digitalen Luxusmobilität zu führen. Die digitale Morgendämmerung ist nicht nur ein Kapitel in der Geschichte von Mercedes-Benz; Es ist eine Vision der Zukunft, in der jede Fahrt durch die Kraft der digitalen Innovation verbessert wird und ein Fahrerlebnis schafft, das intuitiver, vernetzter und angenehmer ist als je zuvor.

Kapitel 24: Nachhaltige Eleganz

In der fortlaufenden Geschichte von Mercedes-Benz zeichnet sich ein entscheidendes Kapitel ab, das das Engagement der Marke für die Harmonisierung von Luxus und Nachhaltigkeit auf den Punkt bringt. Dieses Kapitel mit dem Titel "Sustainable Elegance" befasst sich mit der Entstehung und den Auswirkungen des Vision EQS, einem Leuchtturm für Mercedes-Benz auf dem Weg in eine vollelektrische Zukunft. Der Vision EQS ist nicht nur ein Konzeptfahrzeug, sondern ein Manifest des Ehrgeizes der Marke, Eleganz in einer Ära des Umweltbewusstseins neu zu definieren und den Reiz von Luxus mit dem Gebot der Nachhaltigkeit zu verbinden.

Die Enthüllung des Vision EQS markierte einen bedeutenden Meilenstein auf dem Weg von Mercedes-Benz zur Elektrifizierung. Diese Flaggschiff-Elektrolimousine wurde von Anfang an entwickelt, um neue Maßstäbe für ein Luxus-Elektrofahrzeug zu setzen. Mit seinen fließenden Linien und seiner futuristischen Ästhetik stellt der Vision EQS eine Abkehr von konventionellem Design dar und verkörpert eine neue Form der Eleganz, die sowohl die Innovation als auch den ökologischen Ethos der Marke EQ widerspiegelt.

Im Mittelpunkt des Vision EQS steht das Bekenntnis zu Leistung und Nachhaltigkeit gleichermaßen. Das Fahrzeug verfügt über einen vollelektrischen Antriebsstrang, der nicht nur Null-Emissionen, sondern auch berauschende Leistung verspricht und das Versprechen von Mercedes-Benz verkörpert, "elektrische Intelligenz" zu liefern. Mit einer beeindruckenden Reichweite und Schnellladefähigkeit adressiert der Vision EQS zwei der drängendsten Probleme der Elektromobilität und ist damit ein überzeugendes Angebot für alle, die ihre Vorliebe für Luxus mit dem Engagement für den Planeten verbinden möchten.

Die nachhaltige Eleganz des Vision EQS geht über den elektrischen Antriebsstrang hinaus. Das Fahrzeug verwendet in seiner gesamten Konstruktion umweltfreundliche Materialien, einschließlich recycelter Kunststoffe und nachhaltiger Textilien, wodurch die Umweltbelastung reduziert wird, ohne Kompromisse bei Qualität oder Ästhetik einzugehen. Dieser durchdachte Materialansatz unterstreicht die ganzheitliche Sicht von Mercedes-Benz auf Nachhaltigkeit, bei der jeder Aspekt des Lebenszyklus eines Fahrzeugs im Hinblick auf eine grünere Zukunft berücksichtigt wird.

Darüber hinaus verkörpert der Vision EQS die technologische Innovation, die Mercedes-Benz seit langem auszeichnet. Vom intuitiven MBUX-Infotainmentsystem bis hin zu fortschrittlichen Fahrerassistenzfunktionen, die den Weg für autonomes Fahren ebnen, ist der Vision EQS ein Beweis für den unerschütterlichen Fokus der Marke auf die Verbesserung des Fahrerlebnisses durch Technologie. Diese Innovationen werden jedoch unter Berücksichtigung der Nachhaltigkeit eingesetzt, um sicherzustellen, dass der technologische Fortschritt dazu dient, die Umweltziele der Marke zu fördern.

Die Einführung des Vision EQS und die Fortschritte, die Mercedes-Benz in Richtung einer vollelektrischen Zukunft gemacht hat, stellen eine tiefgreifende Weiterentwicklung der Markenidentität dar. Mit "Sustainable Elegance" stellt sich Mercedes-Benz nicht nur eine Zukunft vor, in der Luxus und Nachhaltigkeit miteinander verflochten sind, sondern gestaltet sie aktiv und geht mit gutem Beispiel voran, um den Wandel der Automobilindustrie hin zur Elektrifizierung voranzutreiben.

Auf diesem Weg steht der Vision EQS als Symbol für das Engagement der Marke für eine Zukunft, in der

Fahrspaß, Luxus und Umweltverantwortung harmonisch nebeneinander existieren. Dieses Kapitel in der Geschichte von Mercedes-Benz ist eine fesselnde Erzählung des Wandels, die die Agilität der Marke bei der Anpassung an eine sich verändernde Welt und ihr Engagement für einen nachhaltigen Weg in die Zukunft widerspiegelt, ohne die Essenz des Luxus aufzugeben, die sie seit über einem Jahrhundert ausmacht. Bei "Sustainable Elegance" geht es nicht nur um die Autos der Zukunft; es geht darum, das Konzept des automobilen Luxus im Zeitalter der Nachhaltigkeit neu zu erfinden und sicherzustellen, dass Mercedes-Benz sowohl bei Innovation als auch bei Umweltverantwortung an der Spitze bleibt.

Kapitel 25: Der Weg in die Zukunft

Während sich die Geschichte von Mercedes-Benz in die Zukunft entfaltet, steht die Marke am Abgrund einer neuen Ära, die von tiefgreifenden Herausforderungen und grenzenlosen Möglichkeiten geprägt ist. "The Road Ahead" fasst die zukunftsweisende Vision der Marke, ihr Engagement für die Überwindung der Hürden von morgen und ihr unerschütterliches Streben nach Kohlenstoffneutralität zusammen. Dieses Kapitel ist nicht nur eine Fortsetzung der Mercedes-Benz Geschichte; Es ist ein mutiges Bekenntnis der Marke, die Zukunft der Mobilität zu gestalten und einen Weg zu beschreiten, der Luxus, Innovation und Umweltverantwortung in Einklang bringt.

Der Weg zur Klimaneutralität stellt eine der größten Herausforderungen und Verpflichtungen von Mercedes-Benz dar. Die Marke hat sich der dringenden Notwendigkeit bewusst, den Klimawandel anzugehen, und sich ehrgeizige Ziele gesetzt, um ihren CO2-Fußabdruck zu reduzieren, um innerhalb der nächsten Jahrzehnte eine vollständig kohlenstoffneutrale Neuwagenflotte zu erreichen. Dieses Engagement geht über die Fahrzeuge selbst hinaus und umfasst die gesamte Wertschöpfungskette, von der Materialbeschaffung über die Produktionsprozesse bis hin zum Energieverbrauch in den Produktionsanlagen.

Die Vision von Mercedes-Benz für die nächste Fahrzeuggeneration ist untrennbar mit diesem Streben nach Nachhaltigkeit verbunden. Die Marke stellt sich eine Produktpalette vor, die nicht nur vollständig elektrifiziert ist, sondern auch die Spitze von Design, Technologie und Luxus verkörpert. Diese zukünftigen Fahrzeuge werden als mehr als nur Transportmittel vorgestellt; Sie sind als intelligente, vernetzte Einheiten konzipiert, die sich nahtlos in das Leben ihrer Benutzer integrieren und ein beispielloses Maß an Personalisierung, Komfort und Effizienz bieten.

Der Weg in die Zukunft ist auch von der Herausforderung geprägt, sich in der sich schnell entwickelnden Landschaft der Technologie und der Verbrauchererwartungen zurechtzufinden. Mercedes-Benz ist bereit, sich diesen Veränderungen zu stellen und in Spitzentechnologien wie künstliche Intelligenz, autonomes Fahren und digitale Konnektivität zu investieren. Das Engagement der Marke für Innovation wird als Schlüssel zur Bewältigung zukünftiger Herausforderungen angesehen, wobei der Schwerpunkt auf der Entwicklung intelligenter

Mobilitätslösungen liegt, die die Sicherheit, den Komfort und den Fahrspaß verbessern.

Darüber hinaus ist sich Mercedes-Benz bewusst, dass die Zukunft der Mobilität über die Fahrzeuge selbst hinausgeht. Die Marke erforscht neue Geschäftsmodelle und Mobilitätsdienste, die die sich ändernden Muster des Fahrzeugbesitzes und der Fahrzeugnutzung widerspiegeln. Von Carsharing-Plattformen bis hin zu integrierten Transportlösungen hat sich Mercedes-Benz zum Ziel gesetzt, flexible, nachhaltige Mobilitätsoptionen anzubieten, die den unterschiedlichen Bedürfnissen der Verbraucher von morgen gerecht werden.

Wenn Mercedes-Benz in die Zukunft blickt, tut es dies mit Verantwortungsbewusstsein – gegenüber seinen Kunden, der Gesellschaft und dem Planeten. Die Vision der Marke für die Zukunft ist von Optimismus und Entschlossenheit geprägt, angetrieben von der Überzeugung, dass die Herausforderungen von morgen Chancen für Innovation, Wachstum und positive Veränderungen bieten. Mercedes-Benz bereitet sich nicht nur auf die Zukunft vor. Es versucht aktiv, es zu definieren, sein Vermächtnis der Führungsrolle in der Automobilindustrie fortzusetzen und ein

Vermächtnis der Nachhaltigkeit für kommende Generationen zu schaffen.

Kapitel 26: Mercedes trifft die Welt

In der sich entfaltenden Geschichte von Mercedes-Benz entsteht ein Kapitel voller kultureller und globaler Resonanz, das die Expansion der Marke über die Grenzen des Automobilbaus hinaus zu einem Symbol für Lifestyle und Prestige veranschaulicht. "Mercedes Meets the World" fängt die Essenz ein, wie Mercedes-Benz seinen Einfluss durch das Gefüge von Mode, Sport und globalen Partnerschaften gewebt und die Marke in ein allgegenwärtiges Symbol für Exzellenz und Innovation verwandelt hat.

Der Vorstoß von Mercedes-Benz in die Welt der Mode zeichnet sich durch das Sponsoring von Modewochen in Metropolen rund um den Globus aus, von Berlin über New York bis Shanghai. Diese Veranstaltungen sind nicht nur Sponsoring, sondern ein Beweis für das Engagement der Marke für Design, Handwerkskunst und Innovation – Werte, die mit der Welt der Haute Couture geteilt werden. Mercedes-Benz hat sich als Förderer von Kreativität und Eleganz positioniert, der aufstrebende Talente fördert und sich gleichzeitig an dem Luxus und der Raffinesse orientiert, die der Identität der Marke innewohnen. Die Synergie zwischen Automobildesign und Mode hat es Mercedes-Benz ermöglicht, neue Bereiche des ästhetischen Ausdrucks zu erkunden und seine Fahrzeuge nicht nur als Transportmittel, sondern als Kunstwerke zu präsentieren, die zeitgenössische Designtrends und Sensibilitäten widerspiegeln.

Im Bereich des Sports hat Mercedes-Benz seinen Einfluss durch strategische Partnerschaften und Sponsoring ausgebaut, vor allem in der Welt des Formel-1-Rennsports mit dem Mercedes-AMG Petronas Formel 1 Team. Diese Partnerschaft unterstreicht das Erbe der Marke in Bezug auf Leistung und Wettbewerb, beflügelt die Fantasie von Millionen und festigt den Status von Mercedes-Benz als führendes Unternehmen im Motorsport. Über die Formel 1 hinaus unterstreicht das Engagement der Marke im Golfsport, bei Reitsportveranstaltungen und anderen Sportarten ihr Engagement für Exzellenz, Präzision und das Streben nach Perfektion – Qualitäten, die sowohl bei den Wettbewerbern als auch beim globalen Publikum Anklang finden.

Die globalen Partnerschaften von Mercedes-Benz erstrecken sich über Mode und Sport hinaus auf Kooperationen mit Künstlern, Designern und Innovatoren und spiegeln das breitere kulturelle und soziale Engagement der Marke wider. Diese

Kooperationen sind vielfältig und reichen von Kunstinstallationen und Architekturprojekten bis hin zu Initiativen, die sich mit globalen Herausforderungen wie Nachhaltigkeit und Mobilität befassen. Durch diese Partnerschaften demonstriert Mercedes-Benz sein Engagement für die Förderung von Kreativität, Innovation und positiver sozialer Wirkung und steht im Einklang mit dem Ethos der Marke "Das Beste oder nichts".

Diese Bemühungen haben es Mercedes-Benz ermöglicht, ein Markenimage zu kultivieren, das über die Automobilindustrie hinausgeht und es als Lifestyle-Marke positioniert, die ein breites Publikum anspricht. Durch das Engagement in den Bereichen Mode, Sport und globale Partnerschaften hat Mercedes-Benz nicht nur seinen Einfluss ausgebaut, sondern auch seine Verbindung zu den Verbrauchern vertieft, die die Werte der Marke wie Exzellenz, Innovation und soziale Verantwortung teilen.

"Mercedes Meets the World" ist eine Erzählung über den Weg der Marke zu einer globalen kulturellen Ikone, eine Reise, die von strategischen Engagements geprägt ist, die das Erbe der Marke bereichern und ihre Reichweite vergrößern. Dieses Kapitel zeigt, wie Mercedes-Benz erfolgreich die

Schnittstelle zwischen automobiler Exzellenz und kultureller Bedeutung gemeistert und sich als Marke etabliert hat, die nicht nur für ihre Ingenieurs- und Designfähigkeiten verehrt, sondern auch für ihren Einfluss auf die breitere Kulturlandschaft gefeiert wird.

Während Mercedes-Benz seinen Einfluss durch Mode, Sport und globale Partnerschaften weiter ausbaut, tut es dies mit einer Vision, die über Automobile hinausgeht und eine Rolle als Kurator von Lifestyle und Katalysator für Innovation einnimmt. Dieses Kapitel in der Geschichte von Mercedes-Benz ist ein Beweis für die anhaltende Anziehungskraft der Marke und ihre Fähigkeit, das Publikum auf der ganzen Welt zu inspirieren, zu begeistern und zu fesseln.

Kapitel 27: Die Herstellung des Traums

Im reichen Teppich der Geschichte von Mercedes-Benz beleuchtet ein Kapitel, das der Kunstfertigkeit und Präzision der Fahrzeuge gewidmet ist, das Engagement der Marke für Spitzenleistungen. "Crafting the Dream" taucht in den akribischen Design- und Herstellungsprozess ein, der jedem Mercedes-Benz zugrunde liegt, und zeigt die Verschmelzung von Tradition und Innovation, die Automobile nicht nur als Maschinen, sondern als Verkörperung greifbarer Träume entstehen lässt.

Die Entwicklung eines Mercedes-Benz beginnt mit einer Idee, einer Vision für ein Fahrzeug, das Ästhetik mit unvergleichlicher Leistung in Einklang bringt. Diese Vision wird von einem Team von Designern zum Leben erweckt, die, inspiriert von der Avantgarde-Kunst bis zur Natur, die ersten Linien skizzieren, die den Charakter des Fahrzeugs definieren werden. Dieser kreative Prozess ist sowohl eine Hommage an die geschichtsträchtige Vergangenheit der Marke als auch ein mutiger Schritt in die Zukunft, in der jede Kurve, Linie und Oberfläche ein Zeugnis der Designphilosophie von Mercedes-Benz der sinnlichen Klarheit ist. Die Arbeit der Designer ist ein Dialog zwischen Form und Funktion, in dem Schönheit und Effizienz in ständiger Harmonie stehen.

Vom Abstrakten zum Greifbaren wird das Design strengen Tests und Verfeinerungen unterzogen, wobei fortschrittliche Technologien wie virtuelle Realität und aerodynamische Simulationen zum Einsatz kommen. Diese Phase ist ein Schmelztiegel, in dem Machbarkeit auf Kreativität trifft, um sicherzustellen, dass jeder Aspekt des Fahrzeugdesigns sowohl Form als auch Funktion erfüllt. Die Verwendung nachhaltiger Materialien und die Integration modernster Technologien werden sorgfältig geplant, um die strengen Standards der Marke für Qualität, Sicherheit und Umweltverantwortung zu erfüllen.

Die Fertigung eines Mercedes-Benz ist eine Symphonie aus Feinmechanik und Handwerkskunst. Der Prozess beginnt mit der Auswahl der Materialien, die den hohen Ansprüchen der Marke an Langlebigkeit und Nachhaltigkeit entsprechen. Vom hochfesten Stahl des Chassis bis zum luxuriösen Leder der Innenausstattung wird jedes Material nach seiner Fähigkeit ausgewählt, zur Gesamtexzellenz des Fahrzeugs beizutragen.

Während sich das Fahrzeug durch die Produktionslinie bewegt, wird es von den Händen erfahrener Handwerker und fortschrittlicher Robotik geformt, eine Verbindung von traditioneller Handwerkskunst und modernen Fertigungstechniken. Der Motor, das Herzstück eines jeden Mercedes-Benz, wird von Motorenbaumeistern zusammengebaut, die jeden Motor, den sie fertigstellen, mit einem persönlichen Zeugnis versehen – ein persönliches Zeugnis für die Markenphilosophie "One Man, One Engine". Diese Tradition unterstreicht die persönliche Sorgfalt und Liebe zum Detail, die in die Entstehung jedes Fahrzeugs einfließt.

Die Endmontage eines Mercedes-Benz ist ein akribischer Prozess, bei dem jedes Bauteil, von der kleinsten Schraube bis zum komplexesten elektronischen System, präzise geprüft und eingebaut wird. Die Fahrzeuge durchlaufen eine Reihe strenger Qualitätskontrollen, um sicherzustellen, dass jeder Mercedes-Benz, der das Werk verlässt, eine makellose Verwirklichung des Traums ist, für den er entwickelt wurde.

"Crafting the Dream" ist nicht nur ein Kapitel über die Herstellung von Luxusautos; es ist eine Feier der Leidenschaft, des Engagements und des Know-hows, die Mercedes-Benz ausmachen. Es ist ein Blick in das Herz einer Marke, die ihre Fahrzeuge nicht nur als Transportmittel sieht, sondern auch als Mittel zur Inspiration, Innovation und zum Erheben des Fahrerlebnisses zu einer Kunstform. Dieses Streben nach Exzellenz von der ersten Skizze bis zur Endmontage macht jeden Mercedes-Benz nicht nur zu einem Auto, sondern zu einem Meisterwerk der Technik und des Designs.

Kapitel 28: Der Mercedes des Volkes

Innerhalb der umfangreichen Erzählung von Mercedes-Benz entfaltet sich ein Kapitel, das reich an menschlichen Verbindungen ist und den tiefgreifenden Einfluss der Marke auf Kultur, Gesellschaft und das Leben von Menschen auf der ganzen Welt offenbart. "The People's Mercedes" taucht in die emotionale und kulturelle Resonanz der Marke ein, geht über das Mechanische hinaus und wird für viele zu einem Symbol für Anspruch, Leistung und persönliche Identität.

Von den Boulevards der Großstädte bis in die entlegensten Winkel der Welt sind Mercedes-Benz Fahrzeuge mehr als nur ein Transportmittel. sie sind geschätzte Begleiter auf dem Lebensweg der Menschen. Dieses Kapitel untersucht die verschiedenen Möglichkeiten, wie die Marke Einzelpersonen und Gemeinschaften berührt und sich in das Gefüge ihrer Erzählungen eingebettet hat.

Die Geschichte beginnt mit der Rolle von Mercedes-Benz bei der Gestaltung kultureller Identitäten und gesellschaftlicher Normen. Für viele ist der Besitz eines Mercedes-Benz ein Meilenstein, eine greifbare Manifestation von Erfolg und harter

Arbeit. Die Marke ist zu einem Teil wichtiger Lebensmomente geworden, von Hochzeiten und Abschlussfeiern bis hin zu geschäftlichen Erfolgen und familiären Meilensteinen, und symbolisiert Eleganz, Zuverlässigkeit und ein Engagement für Qualität, das tief mit den Bestrebungen und Werten der Menschen übereinstimmt.

Über die persönlichen Leistungen hinaus hat Mercedes-Benz auch eine bedeutende Rolle in kulturellen Ausdrucksformen und Bewegungen gespielt. Die Fahrzeuge der Marke haben die Leinwand geziert, filmischen Geschichten Glamour verliehen und sind selbst zu Ikonen geworden. In der Musik, insbesondere in Genres wie Hip-Hop und Pop, wird Mercedes-Benz oft als Symbol für Erfolg und Anspruch bezeichnet, was seinen Platz im kulturellen Diskurs weiter festigt.

Der Einfluss von Mercedes-Benz auf die Gesellschaft erstreckt sich auf Philanthropie und soziale Verantwortung, wobei die Marke ihre globale Präsenz nutzt, um positive Beiträge zu leisten. Durch Initiativen, die sich auf Bildung, Umweltschutz und Innovation konzentrieren, zeigt Mercedes-Benz sein Engagement für den Aufbau einer besseren Zukunft. Diese Bemühungen zeigen, dass die Marke ihre Rolle in der Gesellschaft über die Automobilindustrie hinaus anerkennt und danach strebt, eine Kraft für das Gute und ein Partner für den Fortschritt zu sein.

Das Kapitel beleuchtet auch Geschichten von Personen, für die Mercedes-Benz Fahrzeuge zu einer Leinwand für Selbstdarstellung und Kreativität geworden sind. Anpassungen und Restaurierungen veranschaulichen die tiefe persönliche Verbundenheit der Besitzer mit ihrem Mercedes-Benz und verwandeln Fahrzeuge in einzigartige Reflexionen des individuellen Stils und der Geschichte. Diese Geschichten von Leidenschaft und Hingabe unterstreichen die emotionale Bindung, die zwischen Mensch und Maschine entstehen kann, wobei Mercedes-Benz Fahrzeuge oft zu geschätzten Familienmitgliedern werden, die über Generationen weitergegeben werden.

"The People's Mercedes" ist ein Beweis für die anhaltende Anziehungskraft der Marke und ihre Fähigkeit, Loyalität, Bewunderung und ein Zugehörigkeitsgefühl bei verschiedenen Gruppen von Menschen weltweit zu wecken. Es ist eine Erzählung, die über die greifbaren Aspekte von Luxus und Leistung hinausgeht und die emotionalen und gesellschaftlichen Auswirkungen von Mercedes-Benz berührt. In diesem Kapitel geht es nicht nur um Autos; es geht um die Träume, Erinnerungen und Momente, die die menschliche Erfahrung definieren, und zeigt, wie Mercedes-Benz mit dem Lebensgefüge der Menschen verwoben ist.

Während sich die Geschichte von Mercedes-Benz weiterentwickelt, erinnert "The People's Mercedes" an das starke Erbe der Marke als Symbol für Innovation, Qualität und Anspruch. Es unterstreicht die einzigartige Position von Mercedes-Benz an der Schnittstelle von Kultur, Gesellschaft und individuellem Leben und feiert die unzähligen Möglichkeiten, wie die Marke die menschliche Erfahrung bereichert hat.

Kapitel 29: Rennen in die Zukunft

Während sich die Saga von Mercedes-Benz entfaltet, beleuchtet ein Kapitel, das vom Adrenalin des Wettbewerbs pulsiert, das illustre Erbe der Marke im Motorsport und ihren anhaltenden Einfluss auf die automobile Innovation. "Racing into the Future" zeichnet den Verlauf der Reise von Mercedes-Benz auf der Rennstrecke nach, einem Bereich, in dem das Streben nach Exzellenz unerbittlich ist und die gewonnenen Erkenntnisse den technologischen Fortschritt vorantreiben, der die Zukunft der Mobilität definiert.

Das Engagement von Mercedes-Benz im Motorsport ist eine geschichtsträchtige Tradition, die bis in die Anfänge des Automobilrennsports zurückreicht. Diese reiche Geschichte ist nicht nur eine Aufzeichnung von Siegen und Meisterschaften; Es ist ein Beweis für das Engagement der Marke, die Grenzen von Technik, Leistung und Ausdauer auszutesten. Der Motorsport dient Mercedes-Benz als ultimatives Testgelände, ein Labor, in dem Spitzentechnologien in der Hitze des Wettbewerbs geschmiedet und für die Straße verfeinert werden.

Die Silberpfeile, die legendären Rennmaschinen von Mercedes-Benz, sind zum Synonym für

Dominanz und Innovation auf der Rennstrecke geworden. Von historischen Grand-Prix-Siegen bis hin zu aktuellen Triumphen in der Formel 1 verkörpern die Silberpfeile den Geist von Mercedes-Benz im Motorsport. Jeder Sieg trägt zum Vermächtnis der Marke bei und stärkt ihren Status als Titan des automobilen Wettbewerbs.

Die Auswirkungen des Engagements von Mercedes-Benz im Motorsport gehen jedoch weit über das Siegertreppchen hinaus. Die Technologien, die für die Welt des Rennsports entwickelt wurden, finden oft ihren Weg in Serienfahrzeuge und verbessern Leistung, Sicherheit und Effizienz. Von fortschrittlicher Aerodynamik bis hin zu Leichtbaumaterialien, von Hybridantrieben bis hin zu ausgeklügelten Fahrerassistenzsystemen – die Innovationen, die auf der Rennstrecke entstehen, beeinflussen das Design und die Technik von Mercedes-Benz Fahrzeugen auf ganzer Linie.

Mercedes-Benz hat in den vergangenen Jahren die Herausforderungen und Chancen des Wandels hin zur Nachhaltigkeit im Motorsport angenommen. Die Teilnahme der Marke an der Formel E, der vollelektrischen Rennserie, unterstreicht ihren Anspruch, bei der Elektrifizierung des Motorsports eine Vorreiterrolle einzunehmen. Dieser Vorstoß in den Elektrorennsport ist nicht nur eine Fortsetzung des Wettbewerbsgeistes der Marke; Es ist eine Erklärung des Engagements für zukunftsweisende nachhaltige Technologien, die versprechen, die Zukunft von Leistung und Mobilität neu zu definieren.

Die Geschichte von Mercedes-Benz im Motorsport ist auch eine Geschichte menschlicher Anstrengung und Exzellenz. Das Vermächtnis der Marke basiert auf den Talenten und der Hartnäckigkeit legendärer Fahrer, Ingenieure und Teams, die die Grenzen des Machbaren verschoben haben. Diese Personen verkörpern das Ethos von Mercedes-Benz, eine Mischung aus Mut, Innovation und einem unermüdlichen Streben nach Perfektion.

"Racing into the Future" ist ein Kapitel, das das anhaltende Vermächtnis von Mercedes-Benz im Motorsport und seine bahnbrechende Rolle bei der Förderung automobiler Innovationen feiert. Mit Blick auf die Zukunft ist das Engagement von Mercedes-Benz im Rennsport weiterhin eine wichtige Säule seiner Strategie, nicht nur für den Ruhm des Wettbewerbs, sondern auch für die unschätzbaren Erkenntnisse und Innovationen, die der Rennsport hervorbringt.

Dieses Kapitel unterstreicht die symbiotische Beziehung zwischen der Rennstrecke und der Straße, in der jede Runde, jeder Sieg und jede Herausforderung in der Welt des Motorsports zur Entwicklung von Mercedes-Benz beiträgt. Während die Marke in die Zukunft rast, bleibt ihr Vermächtnis im Motorsport ein Leuchtfeuer der Inspiration, das die Grenzen von Technologie und Leistung verschiebt und die Zukunft des Automobils auf eine Weise gestaltet, die weit über die Rennstrecke hinausgeht.

Kapitel 30: Eine Symphonie aus Technik und Kunst

In der fortlaufenden Geschichte von Mercedes-Benz entfaltet sich ein Kapitel, das von der Harmonie von Innovation und Ästhetik mitschwingt und die Essenz der Markenphilosophie offenbart. "A Symphony of Technology and Art" befasst sich mit dem komplizierten Prozess, in dem Mercedes-Benz Spitzentechnologie mit künstlerischem Design verbindet, um Fahrzeuge zu schaffen, die die konventionellen Grenzen des Automobilbaus überschreiten und zu Verkörperungen von Luxus, Leistung und Schönheit werden.

Im Mittelpunkt des Design-Ethos von Mercedes-Benz steht die Überzeugung, dass wahre Schönheit aus der nahtlosen Integration von Form und Funktion entsteht. Diese Philosophie zeigt sich in jeder Linie, Kurve und Oberfläche eines Mercedes-Benz Fahrzeugs, bei dem Design nicht nur ein nachträglicher Gedanke, sondern ein grundlegender Aspekt der technischen Exzellenz ist. Das Engagement der Marke für "Sinnliche Klarheit" als Designsprache artikuliert diese Überzeugung und zielt darauf ab, Fahrzeuge zu schaffen, die durch ihre Ästhetik Emotionen und Leidenschaft hervorrufen und gleichzeitig den

Höhepunkt der technologischen Innovation verkörpern.

Der Entstehungsprozess eines Mercedes-Benz ähnelt dem Komponieren einer Symphonie, bei der jedes Element, von der Materialauswahl bis zur Konstruktion des Antriebsstrangs, eine entscheidende Rolle im endgültigen Meisterwerk spielt. Die Designer und Ingenieure von Mercedes-Benz arbeiten an einem Strang und sorgen gemeinsam dafür, dass jeder Aspekt des Fahrzeugs zu einem harmonischen Ganzen beiträgt. Diese Zusammenarbeit wird durch ein tiefes Verständnis des Erbes der Marke, den Respekt für die Prinzipien der Aerodynamik und Ergonomie und eine zukunftsweisende Vision untermauert, die die Zukunft der Mobilität vorwegnimmt.

Die technologischen Innovationen, die Mercedes-Benz Fahrzeuge ausmachen, gehören ebenso zu ihrer Kunst wie die visuelle Gestaltung. Fortschrittliche Antriebssysteme, einschließlich elektrifizierter Antriebsstränge und Hybridtechnologien, bieten ein Fahrerlebnis, das sowohl aufregend als auch nachhaltig ist. Modernste Sicherheitsfeatures und Fahrerassistenzsysteme steigern das Wohlbefinden der Fahrgäste und machen jede Fahrt in einem Mercedes-Benz so sicher wie angenehm. Die Integration digitaler Schnittstellen und Konnektivitätslösungen sorgt dafür, dass Mercedes-Benz Fahrzeuge nicht nur Verkehrsträger sind, sondern vernetzte Knotenpunkte, die das digitale Leben ihrer Insassen widerspiegeln und aufnehmen.

Der künstlerische Aspekt der Designphilosophie von Mercedes-Benz geht über die Fahrzeuge selbst hinaus und beeinflusst die Herangehensweise der Marke an Showrooms, Kundenerlebnisse und sogar die Architektur ihrer Produktionsstätten. Jeder dieser Räume ist so gestaltet, dass er das Engagement der Marke für Ästhetik, Luxus und Innovation widerspiegelt und eine immersive Umgebung schafft, die mit dem Ethos von Mercedes-Benz übereinstimmt.

"A Symphony of Technology and Art" ist ein Zeugnis für das fortwährende Vermächtnis von Mercedes-Benz als Marke, die an der Schnittstelle von Innovation und Ästhetik steht. Es ist eine Feier der Fähigkeit der Marke, Fahrzeuge zu schaffen, die nicht nur Transportmittel sind, sondern Kunstwerke, die inspirieren, fesseln und begeistern. Dieses Kapitel unterstreicht das Engagement der Marke, die Grenzen des Machbaren zu verschieben und die Präzision der Technologie mit der Schönheit des

Designs zu verbinden, um Fahrzeuge zu schaffen, die in jeder Hinsicht mehr als nur Autos sind.

Während Mercedes-Benz weiterhin seinen Kurs durch die sich entwickelnde Landschaft der Automobilindustrie festlegt, bleibt die Marke dieser Symphonie aus Technologie und Kunst verpflichtet und stellt sicher, dass jedes Fahrzeug, das den Stern trägt, ein Beweis für die Vision der Marke von Luxus, Leistung und unvergleichlicher Ästhetik ist.

Kapitel 31: Die digitale Revolution annehmen

In der sich ständig weiterentwickelnden Geschichte von Mercedes-Benz wird die Reise der Marke durch die digitale Revolution zu einem zentralen Kapitel, das ihre Anpassungsstrategien zur Bewältigung der Komplexität der digitalen Transformation hervorhebt. Diese Ära, die durch rasante technologische Fortschritte und ein verändertes Verbraucherverhalten gekennzeichnet ist, birgt sowohl erhebliche Herausforderungen als auch enorme Chancen. "Embracing the Digital Revolution" befasst sich damit, wie sich Mercedes-Benz strategisch positioniert hat, um sich in dieser transformativen Landschaft nicht nur anzupassen, sondern auch eine Führungsrolle zu übernehmen und sicherzustellen, dass die Marke an der Spitze der automobilen Innovation und Kundenbindung bleibt.

Mercedes-Benz hat früh erkannt, dass die digitale Revolution über die Integration von Technologie in Fahrzeuge hinausgeht. Es umfasst eine ganzheitliche Transformation des Automobilerlebnisses, von Design und Fertigung bis hin zu Vertrieb und Nachsorge. Im Mittelpunkt der Strategie der Marke steht das Engagement für

Innovation, angetrieben von einem tiefen Verständnis des Potenzials digitaler Technologien, jeden Aspekt der automobilen Reise zu verbessern.

Eines der grundlegenden Elemente des Ansatzes von Mercedes-Benz für die digitale Revolution ist die Integration digitaler Technologien in die Entwicklungs- und Designprozesse. Die Marke setzt fortschrittliche digitale Tools wie Virtual Reality und künstliche Intelligenz ein, um die Fahrzeugentwicklung zu rationalisieren, die Sicherheitsfunktionen zu verbessern und immersivere und intuitivere Designerlebnisse zu schaffen. Dieser Digital-First-Ansatz beschleunigt nicht nur den Innovationszyklus, sondern ermöglicht auch eine größere Flexibilität und Reaktionsfähigkeit auf Markttrends und Verbraucheranforderungen.

Im Bereich der Fertigung hat sich Mercedes-Benz die Prinzipien von Industrie 4.0 zu eigen gemacht und Smart-Factory-Konzepte implementiert, die Datenanalyse, Robotik und das Internet der Dinge (IoT) nutzen, um Effizienz und Nachhaltigkeit zu steigern. Diese Technologien ermöglichen einen agileren und anpassungsfähigeren Produktionsprozess und stellen sicher, dass Mercedes-Benz höchste Ansprüche an Qualität und

Präzision erfüllen kann und dabei umweltbewusst bleibt.

Die digitale Revolution hat auch die Art und Weise verändert, wie Mercedes-Benz mit seinen Kunden umgeht. Die Marke hat ausgeklügelte digitale Plattformen und Dienstleistungen entwickelt, die ein nahtloses und personalisiertes Kundenerlebnis bieten, vom ersten Kauf bis zum laufenden Fahrzeugmanagement. Digitale Showrooms, Online-Konfiguratoren und mobile Anwendungen ermöglichen es Kunden, Mercedes-Benz Fahrzeuge auf völlig neue Weise zu erkunden, zu individualisieren und mit ihnen zu interagieren und so die Lücke zwischen der digitalen und der physischen Welt zu schließen.

Darüber hinaus erforscht Mercedes-Benz aktiv das Potenzial von Konnektivität und Datenanalyse, um intelligentere, reaktionsschnellere Fahrzeuge zu entwickeln. Die Mercedes me connect-Plattform stellt in diesem Bereich einen bedeutenden Schritt nach vorne dar und bietet eine Reihe von vernetzten Diensten, die den Komfort, die Sicherheit und das allgemeine Fahrerlebnis verbessern. Durch die Nutzung der Macht der Daten optimiert Mercedes-Benz nicht nur die Fahrzeugleistung, sondern ebnet auch den Weg für zukünftige Innovationen im

Bereich des autonomen Fahrens und der Elektromobilität.

Im Zuge der digitalen Revolution hat Mercedes-Benz auch der Entwicklung digitaler Fähigkeiten und Kulturen innerhalb des Unternehmens Priorität eingeräumt. In der Erkenntnis, dass technologische Innovation mit einer Veränderung der Denkweise und des Ansatzes einhergehen muss, hat die Marke in Schulungsprogramme, kollaborative Arbeitsbereiche und digitale Führungsinitiativen investiert, um eine Kultur der Innovation und Agilität zu fördern.

"Embracing the Digital Revolution" ist ein Kapitel, das die strategische Weitsicht und Anpassungsfähigkeit von Mercedes-Benz angesichts der digitalen Transformation zeigt. Durch den Einsatz digitaler Technologien zur Verbesserung aller Aspekte des automobilen Erlebnisses meistert Mercedes-Benz nicht nur die Herausforderungen des digitalen Zeitalters, sondern definiert die Zukunft der Mobilität neu. Dieses Kapitel unterstreicht das Engagement der Marke für Innovation, Nachhaltigkeit und Kundenorientierung und stellt sicher, dass Mercedes-Benz auch im digitalen Zeitalter den Standard für Luxus-Automobilmarken setzt.

Kapitel 32: Die Gemeinschaft der Sterne - Ein Gespräch

An einem ruhigen Nachmittag befinde ich mich als Autor dieses Buches in einer vielseitigen Umgebung, die von der vielfältigen Anziehungskraft der Marke zeugt. Umgeben von einer Reihe von Mercedes-Benz Modellen, von zeitlosen Klassikern bis hin zu hochmodernen elektrischen Wunderwerken, gesellen sich drei unterschiedliche Enthusiasten der Marke zu mir. **Edward**, ein distinguierter Gentleman mit einer Vorliebe für klassische Mercedes-Autos; **Jasmine**, eine lebhafte junge Frau, die auf den Nervenkitzel von Benzinmotoren schwört; und **Leo**, ein zukunftsorientierter Verfechter der elektrischen Zukunft der Marke. Unser Treffen, bewusst und zielstrebig, soll die facettenreiche Liebe zu Mercedes-Benz erkunden.

Ich: "Vielen Dank, dass Sie heute bei mir sind. Ich bin fasziniert davon, wie Mercedes-Benz als Marke bei jedem von Ihnen auf einzigartige Weise ankommt. Edward, was reizt dich an den klassischen Modellen?"

Edward: "Ah, das ist für mich der Sinn für Geschichte. Jeder klassische Mercedes-Benz erzählt eine Geschichte, ein Zeugnis der Epoche, in der er hergestellt wurde. Die Technik, das Design – es ist, als würde man ein Stück Automobilgeschichte in den Händen halten."

Ich: "In der Tat haben die Klassiker einen unbestreitbaren Charme. Und Jasmine, Sie fühlen sich zu den modernen Benzinmodellen hingezogen. Was ist es, das Ihre Fantasie anregt?"

Jasmine: "Für mich ist es die Mischung aus dem legendären Luxus von Mercedes-Benz mit der rohen Kraft eines Benzinmotors. Es hat etwas von Natur aus Aufregendes, den Motor zu starten und diese Kraft an den Fingerspitzen zu spüren. Es ist sowohl eine Anspielung auf die Vergangenheit als auch ein Sprung in die Zukunft der Performance."

Ich: "Eine überzeugende Perspektive! Und Leo, du bist voll dabei in der elektrischen Zukunft von Mercedes-Benz. Teilen Sie uns mit, was Ihre Begeisterung antreibt?"

Leo: "Für mich ist es die Innovation – der mutige Schritt, den Mercedes-Benz in Richtung Nachhaltigkeit unternimmt, ohne Kompromisse bei Leistung oder Luxus einzugehen. Ein EQ-Modell zu fahren, fühlt sich an, als wäre man Teil einer

Bewegung, eines Wandels hin zu einer saubereren, verantwortungsvolleren Art, Luxus und Geschwindigkeit zu erleben."

Ich: "Es ist klar, dass Mercedes-Benz es geschafft hat, sein Erbe in das Gefüge unterschiedlicher Interessen und Erwartungen einzuweben. Edward, wie sehen Sie diese Entwicklung der Marke hin zu elektrischen Modellen bei gleichzeitiger Beibehaltung ihres Erbes?"

Edward: "Ich sehe es als Zeichen von Stärke. Mercedes-Benz war schon immer an der Spitze der automobilen Innovation. Die Umstellung auf Elektromodelle ist nur ein weiteres Kapitel in der langen Geschichte der Branchenführerschaft. Es geht darum, sich anzupassen und neue Standards zu setzen."

Ich: "Jasmine, als jemand, der den Nervenkitzel von Benzinmotoren liebt, wie nimmst du das Engagement der Marke für die Elektrifizierung wahr?"

Jasmine: "Es ist aufregend, ehrlich gesagt. Es zeigt, dass es Mercedes-Benz nicht nur darum geht, sein Erbe zu bewahren, sondern die Zukunft der Mobilität aktiv zu gestalten. Es gibt mir die

Gewissheit, dass der Nervenkitzel und Luxus, den ich an Benzinmotoren liebe, auf neue, innovative Weise fortgesetzt wird."

Ich: "Und Leo, was zeichnet Mercedes-Benz deiner Meinung nach im Bereich der Elektrofahrzeuge aus?"

Leo: "Es ist ihre Fähigkeit, Innovation mit Luxus in Einklang zu bringen. Viele Marken werden elektrisch, aber Mercedes-Benz tut dies und stellt gleichzeitig sicher, dass die Essenz dessen, was einen Mercedes zu einem "Mercedes" macht, nicht verloren geht. Es geht darum, Pionierarbeit zu leisten, ohne die Identität zu opfern."

Ich: "Unsere heutige Diskussion unterstreicht die breite Anziehungskraft von Mercedes-Benz und wie es Generationen und Vorlieben überwindet. Es ist mehr als nur eine Automarke; Es ist eine Gemeinschaft, eine Familie, die durch eine gemeinsame Leidenschaft verbunden ist. Vielen Dank, Edward, Jasmine und Leo, dass Sie so aufschlussreiche Perspektiven bieten. Ihre Geschichten und Ansichten machen die Mercedes-Benz Community so lebendig und vielfältig."

Am Ende unseres Gesprächs habe ich eine tiefe Wertschätzung für die Fähigkeit der Marke, Enthusiasten aus allen Gesellschaftsschichten zu vereinen. In "The Community of Stars" geht es nicht nur um die Autos, sondern auch um die Menschen, die sie fahren, schätzen und von ihnen träumen. Mercedes-Benz hat auf seiner Reise der Innovation, des Luxus und der Nachhaltigkeit mehr als nur Fahrzeuge hergestellt; sie hat eine Gemeinschaft aufgebaut, eine Konstellation von Sternen, die unter dem Emblem des dreizackigen Sterns hell leuchten.

Kapitel 33: Vermächtnis der Innovation

Während wir ein neues Kapitel in der Geschichte von Mercedes-Benz aufschlagen, denken wir über ein Erbe nach, das von unermüdlicher Innovation und einer zukunftsweisenden Vision geprägt ist, die die Landschaft der Mobilität kontinuierlich verändert hat. "Legacy of Innovation" ist nicht nur ein Rückblick auf die glanzvolle Vergangenheit der Marke; es ist auch ein Blick nach vorne in das Versprechen einer Zukunft, in der Mercedes-Benz weiterhin Pionierarbeit leistet, um die Essenz von Luxus, Leistung und Nachhaltigkeit in der Automobilwelt neu zu definieren.

Von Anfang an ist Mercedes-Benz ein Synonym für Innovation. Die Geschichte der Marke ist gespickt mit Meilensteinen, die nicht nur den Automobilbau vorangebracht haben, sondern auch neue Maßstäbe für die Branche gesetzt haben. Mit der Erfindung des ersten Automobils, dem Mercedes 35 PS, begann eine neue Ära des Individualverkehrs. Seitdem hat Mercedes-Benz eine Vielzahl von Innovationen eingeführt, von der Knautschzone über Antiblockiersysteme bis hin zur Kraftstoffeinspritzung und der Integration digitaler Technologien, die das Engagement der Marke für

Sicherheit, Effizienz und unvergleichliche Fahrerlebnisse unterstreichen.

Wenn wir über diese Errungenschaften nachdenken, wird deutlich, dass das Vermächtnis von Mercedes-Benz auf einem Fundament von Pioniergeist und einem Streben nach Exzellenz beruht, das sich nicht auf seinen Lorbeeren ausruht. Dieses Ethos spiegelt sich im Vorstoß der Marke in die Elektromobilität mit der EQ-Linie wider, einem mutigen Sprung in eine nachhaltige Zukunft, die Spitzentechnologie nutzt, um sicherzustellen, dass umweltfreundliche Fahrzeuge keine Kompromisse bei Luxus oder Leistung eingehen.

Mit Blick auf die Zukunft positioniert das Innovationserbe von Mercedes-Benz die Marke an der Spitze der nächsten Welle automobiler Fortschritte. Das Engagement der Marke für eine kohlenstoffneutrale Zukunft bezieht sich nicht nur auf Elektrofahrzeuge; Es umfasst einen ganzheitlichen Nachhaltigkeitsansatz, der die Entwicklung umweltfreundlicher Herstellungsprozesse, die Verwendung von recycelten und nachhaltigen Materialien sowie Initiativen zur Reduzierung der Umweltbelastung über den gesamten Lebenszyklus seiner Fahrzeuge umfasst.

Die Zukunft verspricht auch weitere Fortschritte bei autonomen Fahrtechnologien, ein Bereich, in dem Mercedes-Benz bereits erhebliche Fortschritte gemacht hat. Die Marke stellt sich eine Welt vor, in der Fahrzeuge nicht nur ein beispielloses Maß an Sicherheit und Effizienz bieten, sondern auch das Konzept der Mobilität neu definieren und das Auto in einen Raum für Arbeit, Entspannung und Unterhaltung verwandeln, der sich nahtlos in das digitale Leben seiner Insassen integriert.

Darüber hinaus erkundet Mercedes-Benz weiterhin neue Grenzen in den Bereichen Konnektivität und digitale Dienste, um ein intuitiveres und personalisierteres Fahrerlebnis zu schaffen. Von KI-gesteuerten Schnittstellen, die lernen und sich an die Vorlieben des Fahrers anpassen, bis hin zu vernetzten Diensten, die Komfort und Luxus auf Knopfdruck bieten, ist die Zukunft von Mercedes-Benz eine, in der Technologie jeden Aspekt der Fahrt verbessert.

Wenn wir auf das "Vermächtnis der Innovation" zurückblicken, das Mercedes-Benz ausmacht, wird deutlich, dass die Geschichte der Marke nicht nur eine Chronik vergangener Errungenschaften ist, sondern ein Leuchtturm, der den Weg in eine

Zukunft voller Möglichkeiten weist. Dieses Kapitel ist eine Hommage an den Innovationsgeist, der Mercedes-Benz antreibt, ein Geist, der verspricht, die Zukunft der Mobilität weiter zu gestalten und sicherzustellen, dass die Marke auch für kommende Generationen an der Spitze der automobilen Exzellenz bleibt. Die Reise von Mercedes-Benz ist eine fortlaufende Saga, in der es darum geht, Grenzen zu überschreiten, neue Maßstäbe zu setzen und die Zukunft neu zu gestalten, angetrieben von einem unerschütterlichen Engagement für Innovation, Luxus und Nachhaltigkeit.

Kapitel 34: Die Sterne von morgen

Während wir den Vorhang für diese umfassende Erzählung von Mercedes-Benz ziehen, eine Zeitreise, die das anhaltende Vermächtnis der Marke in Bezug auf Luxus, Innovation und Weitsicht zusammenfasst, wagen wir uns in das letzte Kapitel, "Stars of Tomorrow". Dieses abschließende Segment bietet einen Blick in die Zukunft und gibt einen Ausblick auf die kommenden Modelle und die visionäre Richtung, die Mercedes-Benz für die Automobilindustrie anstrebt. Es ist eine Zukunft, die vielversprechend, herausfordernd und das kontinuierliche Streben nach Exzellenz birgt, wobei Mercedes-Benz den Vorstoß in unbekannte Gebiete anführt.

Die Stars of Tomorrow werden den Weg der automobilen Evolution beleuchten und das Engagement von Mercedes-Benz verkörpern, bahnbrechende Technologie mit unvergleichlichem Luxus zu verbinden. Unter diesen Zukunftsmodellen steht die Elektrifizierung im Mittelpunkt, was das ehrgeizige Ziel der Marke widerspiegelt, im Zeitalter der nachhaltigen Mobilität führend zu sein. Die kommende Produktpalette umfasst eine erweiterte Palette von EQ-Fahrzeugen, die jeweils eine einzigartige

Mischung aus emissionsfreiem Fahren, modernster Technologie und der exquisiten Handwerkskunst bieten, die für Mercedes-Benz steht.

Diese neuen Modelle werden nicht nur die Grenzen der Elektromobilität erweitern, sondern auch Fortschritte bei autonomen Fahrtechnologien einführen. Mit der Vision einer Zukunft, in der Autos mehr als nur Transport bieten – sie werden zu Begleitern auf der Reise – entwickelt Mercedes-Benz Systeme, die mehr Sicherheit, Effizienz und Komfort versprechen und uns der Realität vollständig autonomer Fahrzeuge näher bringen.

Die Stars of Tomorrow deuten auch auf eine Revolution im Fahrzeugdesign und in der Funktionalität hin. Die Designer von Mercedes-Benz gestalten die Ästhetik und das Interieur zukünftiger Modelle neu, um die sich verändernde Dynamik der Mobilität und der digitalen Integration widerzuspiegeln. Erwarten Sie fließendere Designs, anpassungsfähige Innenräume und die innovative Verwendung nachhaltiger Materialien, die alle harmonisch in digitale Ökosysteme integriert sind, die personalisierte, intuitive Interaktionen bieten.

Darüber hinaus erkundet Mercedes-Benz neue Grenzen bei Mobilitätsdienstleistungen und Geschäftsmodellen und ist sich bewusst, dass die Zukunft der Automobilindustrie über das Auto selbst hinausgeht. Die Marke investiert in Mobilitätslösungen, die auf die sich entwickelnden Stadtlandschaften und das Verbraucherverhalten zugeschnitten sind, wie z. B. flexible Eigentumsmodelle, Mobility-as-a-Service (MaaS) und vernetzte Dienste, die das Benutzererlebnis verbessern.

Wenn wir mit den Stars of Tomorrow in die Zukunft blicken, wird deutlich, dass Mercedes-Benz einen ganzheitlichen Mobilitätsansatz verfolgt, der Nachhaltigkeit, Konnektivität und Personalisierung in den Vordergrund stellt. Das Engagement der Marke für Innovation, nicht nur bei Produkten, sondern auch bei Prozessen und Philosophien, verspricht, die Automobilindustrie neu zu definieren und neue Maßstäbe dafür zu setzen, was Autos sein und tun können.

Zum Abschluss dieser Erzählung über Mercedes-Benz ist die Reise von den Anfängen bis zu den Stars of Tomorrow ein Beweis für die bemerkenswerte Fähigkeit der Marke, zu führen, innovativ zu sein und zu inspirieren. Mit Blick auf die Zukunft ist es offensichtlich, dass Mercedes-Benz seinem Gründungsprinzip "Das Beste oder nichts" treu bleibt und bereit ist, sein Vermächtnis von Exzellenz und Innovation fortzusetzen. Die zukünftige Richtung der Automobilindustrie ist rosig, mit Mercedes-Benz an der Spitze, die uns zu einem Horizont voller Versprechen, Fortschritt und dem aufregenden Potenzial der Stars von morgen führt.

Über den Autor

Etienne Psaila, ein versierter Autor mit über zwei Jahrzehnten Erfahrung, beherrscht die Kunst, Wörter über verschiedene Genres hinweg zu weben. Sein Weg in die literarische Welt ist geprägt von einer Vielzahl von Publikationen, die nicht nur seine Vielseitigkeit, sondern auch sein tiefes Verständnis für verschiedene Themenlandschaften unter Beweis stellen. Es ist jedoch der Bereich der Automobilliteratur, in dem Etienne seine Leidenschaften wirklich verbindet und seine Begeisterung für Autos nahtlos mit seinen angeborenen Fähigkeiten zum Geschichtenerzählen verbindet.

Etienne hat sich auf Automobil- und Motorradbücher spezialisiert und erweckt die Welt der Automobile durch seine eloquente Prosa und eine Reihe atemberaubender, hochwertiger Farbfotografien zum Leben. Seine Werke sind eine Hommage an die Branche, indem sie ihre Entwicklung, den technologischen Fortschritt und die schiere Schönheit von Fahrzeugen auf informative und visuell fesselnde Weise einfangen.

Als stolzer Absolvent der Universität Malta bildet Etiennes akademischer Hintergrund eine solide Grundlage für seine akribische Forschung und sachliche Genauigkeit. Seine Ausbildung hat nicht nur sein Schreiben bereichert, sondern auch seine Karriere als engagierter Lehrer vorangetrieben. Im Klassenzimmer, genau wie beim Schreiben, strebt Etienne danach, zu inspirieren, zu informieren und eine Leidenschaft für das Lernen zu entfachen.

Als Lehrer nutzt Etienne seine Erfahrung im Schreiben, um sich zu engagieren und zu bilden, und bringt seinen Schülern das gleiche Maß an Engagement und Exzellenz entgegen wie seinen Lesern. Seine Doppelrolle als Pädagoge und Autor macht ihn einzigartig positioniert, um komplexe Konzepte mit Klarheit und Leichtigkeit zu verstehen und zu vermitteln, sei es im Klassenzimmer oder durch die Seiten seiner Bücher.

Mit seinen literarischen Werken prägt Etienne Psaila die Welt der Automobilliteratur bis heute unauslöschlich und fesselt Autoliebhaber und Leser gleichermaßen mit seinen aufschlussreichen Perspektiven und fesselnden Erzählungen.
Er kann persönlich unter etipsaila@gmail.com kontaktiert werden

Milton Keynes UK
Ingram Content Group UK Ltd.
UKHW020318021124
450424UK00013B/1319